HET ULTIEME HANDBOEK VOOR CHOCOLADE

CHOCOLATERIE.

La Vie

巧克力工藝事典：品種、產地、風味、配方、技法，甜點主廚的巧克力專業指南

Chocolaterie: het ultieme handboek voor chocolade

作者	希迪‧德‧布拉邦德（Hidde de Brabander）	
審訂	顧瑋	
翻譯	郭騰傑	
責任編輯	謝惠怡	
內文排版	張靜怡	
封面設計	郭家振	
行銷企劃	廖巧穎	
發行人	何飛鵬	
事業群總經理	李淑霞	
社長	饒素芬	
圖書主編	葉承享	

出版	城邦文化事業股份有限公司 麥浩斯出版
E-mail	cs@myhomelife.com.tw
地址	104 台北市中山區民生東路二段 141 號 6 樓
電話	02-2500-7578
發行	英屬蓋曼群島商家庭傳媒股份有限公司城邦分公司
地址	104 台北市中山區民生東路二段 141 號 6 樓
讀者服務專線	0800-020-299（09:30~12:00；13:30~17:00）
讀者服務傳真	02-2517-0999
讀者服務信箱	Email: csc@cite.com.tw
劃撥帳號	1983-3516
劃撥戶名	英屬蓋曼群島商家庭傳媒股份有限公司城邦分公司
香港發行	城邦（香港）出版集團有限公司
地址	香港灣仔駱克道 193 號東超商業中心 1 樓
電話	852-2508-6231
傳真	852-2578-9337
馬新發行	城邦（馬新）出版集團 Cite（M）Sdn. Bhd.
地址	41, Jalan Radin Anum, Bandar Baru Sri Petaling, 57000 Kuala Lumpur, Malaysia.
電話	603-90578822
傳真	603-90576622
總經銷	聯合發行股份有限公司
電話	02-29178022
傳真	02-29156275
製版印刷	凱林彩印股份有限公司
定價	新台幣 880 元／港幣 293 元

2022 年 12 月初版一刷
ISBN：978-986-408-882-9

國家圖書館出版品預行編目 (CIP) 資料

巧克力工藝事典：品種、產地、風味、配方、技法，甜點主廚的巧克力專業指南／希迪‧德‧布拉邦德（Hidde de Brabander）作；郭騰傑譯 . -- 初版 . -- 臺北市：城邦文化事業股份有限公司麥浩斯出版：英屬蓋曼群島商家庭傳媒股份有限公司城邦分公司發行, 2022.12
　面；　公分
譯自：Chocolaterie: het ultieme handboek voor chocolade
ISBN 978-986-408-882-9（精裝）

1. CST：巧克力　2. CST：點心食譜

427.16　　　　　　　　　　　　　　111020156

Original title: CHOCOLATERIE. by Hidde de Brabander

First published by Kosmos Uitgevers, The Netherlands in (2019). Traditional Chinese edition published by Mook Publication Co., Ltd. arrangement with Beijing TongZhou Culture Co. Ltd.

HET ULTIEME HANDBOEK VOOR CHOCOLADE

CHOCOLATERIE.

巧克力工藝事典

品種、產地、風味、配方、技法，甜點主廚的巧克力專業指南

作者 ——— 希迪・德・布拉邦德　翻譯 ——— 郭騰傑　審訂 ——— 顧瑋

謝詞

完成一本書，要做的事情很多。這不是花幾個晚上浪漫地啜飲紅酒、點根蠟燭然後坐在筆電前面打字而已。這本書的背後有一個完整的團隊：出版商、攝影師、編輯、插畫家、設計師、協助我進行研究的人、為我提供食譜和想法的人，還有許許多多的其他人。我對他們抱有無盡的謝意……你們知道我在向你致意！

我要特別感謝我生命中最大的兩個動力：我的孩子菲德（Fedde）和伊芙可（Yfke）。沒有他們的話，我的生命將毫無意義。他們為我的臉龐和內心帶來無以倫比的微笑。有了他們，我不斷體會到與新一代分享知識和愛，是我們人類所能做的最重要的事情。他們的出現，也讓我遠離了雲霄飛車式的拚命和工作。一個眼神、一個擁抱就足夠了。我對你們的愛超越一切，就連巧克力也比不上！

巧克力是我最喜歡的原料，但它更是一種背景十分奇妙的成分，在美食的領域可說具有非常廣泛的應用價值。

2018 年 5 月，就在我歷經 20 年的糕點師生涯後，我通過了「糕點大師」頭銜考試，多年努力終於獲得了回報。在這次考試中，我將不同的故事情境和象徵意義交織在一起。但最具體的過程，是在各種準備或技巧中使用可可和巧克力。我試著表達我對這些神奇原材料的熱愛，並展示我的拿手絕活。我自製巧克力，幾乎用上了所有嘉麗寶（Callebaut）系列產品，並用新鮮可可果慢磨出原汁，為我的糖果增色。 當時所有評審都被我打動了！

如今，到處都能買到巧克力 ── 無論是超市還是巧克力專賣店，無論是鄉村和城市。這是世界上再正常不過的事情。但是，巧克力和巧克力的原材料 ── 可可，其悠久的歷史可上溯到我們這個時代以前。當時，它是儀式的一部分，是一種支付工具，也是一種藥物。它讓人類心跳加速，還引發了鬥爭與征服。我們開始對它進行實驗、擠壓和滾軋。幾個世紀以來，我們一直試圖從可可果和巧克力當中獲得極致。但我們看待巧克力，主要的用途就是品嚐它。讓它在口中融化，讓所有的秘密都像香氣一樣來到我們身邊。

就在完成我的第一本書 *Patisserie.* 之後，我常常尋思我的下一步該怎麼走。在甜點界，光是製備和原料就有很大的差異，牽涉到許多專業的技巧。而巧克力就是其中之一。市面上已經有許多介紹巧克力的書籍，其中也有真正的瑰寶。但我注意到一點：這些手冊要麼非常簡單、過於膚淺，要麼偏向科學，因此很艱澀。我希望藉著這本《巧克力工藝事典》，找到一個黃金平衡。我會讓你深入了解巧克力和可可的原料。我也會談到歷史、品種和起源。但實際動手做也是不可少的……從加熱巧克力、製作你自己的「從可可豆到巧克力塊」（from bean to bar）巧克力，到裝飾配件，然後再重新喚醒你從 *Patisserie.* 一書學到各種製備組合的印象。

讓本書替你增進知識，並從無數的製備技巧和靈感食譜中獲得啟發吧。能為這麼美麗的主題寫出一本書，對我來說是一種莫大的榮幸。我希望閱讀這本書讓你感到愉快 ── 就像我在寫這本書的時候所體會的一樣，並將你所獲得的知識付諸實踐。

希迪 HIDDE

「糕點大師」希迪・德・布拉邦德帶領你進入巧克力的世界。巧克力是你在廚房會遇到最複雜、用途也最廣泛的成分。從種植園、工廠、廚房到最後端上餐桌，可可具有多樣化的用途，但我的經驗是，許多頂級廚師其實對巧克力的主要成分可可知之甚少。希迪清楚而有系統地解釋了可可的來源、種植方式以及加工成巧克力的方法，同時把重點放在製作過程和技術。在這本書中，他為專精與興趣各異的專業主廚和業餘廚師打下堅實的知識基礎。從這本書中你會發現，為什麼某些食譜會用到巧克力，以及為什麼有些東西嚐起來這麼可口。希迪在這本書中囊括了可可各種廣泛的用途。《巧克力工藝事典》是一本清晰易懂的指南，無論是裝飾、烘焙、飲用還是綜合應用，它都能帶你領略美味可口的巧克力世界。

克萊・高登（Clay Gordon）
Discover Chocolate 作者與
TheChocolateLife.com 網站創始人／版主

希迪和我都喜歡巧克力。他從他的糕點角度來觀察，把重點放在平衡、口味、質地和細節。而我則把重點放在可可原料和農民的生活，因為這是我的工作範圍。我們的理念相同，那就是對這個產業帶來正面影響。全世界有四到五千萬人依靠可可維生，而這個產業現正面臨許多挑戰。其中一個最大的挑戰就是森林砍伐。近年來，由於可可產量急劇增加，大量熱帶雨林也隨之消失。我們常常把「永續發展」掛在嘴邊，但這個概念的內涵究竟什麼，又是對誰有意義呢？對我來說，「永續發展」代表另類的收入形式、生產技術改善以及更短的供應鏈，使農民能夠獲得更高、更穩定的收入，而這種模式越來越常用來製作的優質（口感精緻）的巧克力。值得慶幸的是，也有越來越多的消費者選擇了這種巧克力。希迪所寫的這本書，附有大量知識和精美照片，巧克力也讓食譜更加豐富——巧克力是很複雜的，它的背後有許多故事。我想邀請你一起來關心這個特別的產品。盡情享受這本書吧！

瑪莉卡・范・桑德福特
（Marika van Santvoort）
Moving Cocoa Consultancy 諮詢公司

在新潮烹調（nouvelle cuisine）引領潮流半個世紀後，甜點界總算也迎來了味覺的終極革命。年輕一代的巧克力師傅和糖果師傅以經典食譜的信仰為基礎，並從具有無限香料和香氛的世界味覺商店中汲取靈感。要創造出新的巧克力，需要勇於幻想，同時兼具發明與創造的能力、味覺的天賦，還要扛起龐大的技能包。希迪具備藝術家的氣質，他深受啟發並開始探索這一切，可說是他義無反顧的目標。但對於那些想要自己開始摸索的甜食饕客，他也有同理心。這本書既適合巧克力美食家，也適合想要與爸爸媽媽一起製作美味佳餚的孩子。畢竟，還有什麼比將親手調理出的美味呈現給客人更有成就感的呢？只需告訴他們，你從希迪的最新作品挑了一道甜點，保證成功……讓你的廚房小幫手留下巧克力指紋，為這本美麗的書增色吧。《巧克力工藝事典》又是一本不可或缺的指南，光是那些藝術照片就可以讓你垂涎三尺。希迪老兄，你太厲害啦！

多米尼克・培松尼（Dominique Persoone）
The Chocolate Line 巧克力店的布魯日與
安特衛普店店主

「可以借我幾分鐘嗎？」在我們達恩豪爾（Daarnhouwer）可可實驗室進行試吃的時候，我們都用這句話當開場白，接著便是永無止盡的分享和討論。我們抱著極大的熱情，與彼此分享驚人的、特別的、啟發人心的、瘋狂的或單純的好味道。來自世界各地的可可，述說了辛勤農民的故事以及遙遠國度的豐富歷史和烹飪文化。從我第一次與希迪見面開始，他就是我的可可夥伴。他當時講了一個關於爪哇可可豆的笑話，只有可可愛好者才能領會。多年來，他一直來我們這裡分享想法、獲得靈感，為他的新計劃集思廣益。他用身為藝術家的創意，嘗試發揮可可所提供的可能性。他渴求新知、充滿好奇，就和我們其他人一樣，試圖解開可可的奧秘。想要掌握一門藝術的訣竅，你就必須追本溯源，試著真正理解它。希迪做了一次勇敢的嘗試。可可來自哪裡？可可的口感風味是如何形成的？當你知道可可的產地和品種後，能抱持哪些合理的期待？這是巧克力冒險的開始，而這趟冒險就在各種充滿驚喜的食譜和實踐中逐漸成形。

瑪麗亞・薩瓦朵拉・西門內斯・羅亞斯
（Maria Salvadora Jimenez Rojas）
荷蘭贊丹達恩豪爾（Daarnhouwer & Co.）
可可專家暨味覺顧問

目錄

巧克力的歷史

DE GESCHIEDENIS VAN CHOCOLADE

幾乎每個關於可可和巧克力歷史的故事，都以阿茲特克人的軼事開始，然後很快就因為西班牙人的出現而告終。接著大家會提到瑞士蓮（Lindt）和梵豪登（Van Houten）的故事，之後就結束，因為巧克力已經出現了。不過，有鑑於我們每天都在創造歷史，我們其實不必只談論很遙遠的過去，何況在那以後出現了很多新的發展。我認為，針對所謂標準的敘事進行補充是很重要的。

不清楚它確切的製備方式。在我們開始之前，我想對巧克力的發明表達感謝之意。因為每一個新發現都始於某個人，這個人從產品的原始成分中看出了更多束西。我能夠理解為什麼我們會喝乳牛和其他動物的乳汁，而由此出現的鮮奶油我也覺得合乎邏輯。但每次當我想到一顆堅硬的種子可以變成油膏狀的混合物，這整個演變過程都讓我驚嘆不已。畢竟，我們必須採收、任其自然發酵、

每次當我想到一顆堅硬的種子
可以變成油膏狀的混合物，
這整個演變過程都讓我驚嘆不已。

巧克力國度的歷史篇章，最後一個註腳可以追溯至 2017 年。就在那一年，百樂嘉麗寶（Barry Callebaut）正式推出了第 4 種型態的巧克力：紅寶石巧克力（ruby）。經過大約 15 年的研究，他們設法開發出一種巧克力，這種巧克力的製作方式與當時現有的 3 種巧克力有所不同。它的成品是粉紅色（紅寶石顏色）、帶有水果味的巧克力。如果你看它的成分表，你會感覺它很像牛奶巧克力，而它質地有點像白巧克力，至於味道則跟當時現有的巧克力都不一樣。

當我行筆至此，也就是在 2019 年，我們還

乾燥、烘烤然後研磨種子。你能想像用芒果核做同樣的事情嗎？或許這就是為什麼我們花了這麼長時間，才開發出我們今天所熱情擁抱的巧克力的原因。

可可的發源地一般認為是中美洲，就在今天我們熟悉的墨西哥，但最早這個地區還延伸到尼加拉瓜。然而，最近有幾項研究致力找出可可實際發源地，這些研究發現了一些蛛絲馬跡，指出原產地並不在中美洲。現在，有人認為可可發源地應該在南美洲的上半部、也就是亞馬遜盆地，特別是在哥倫比亞與厄瓜多接壤的邊界。據說，一個名叫墨卡

亞（Mokaya）的民族透過貿易旅行將可可帶到了中美洲，可可便靠著它具備的高文化價值而在那裡聲名鵲起。在這個地區，有不同的民族在不同的時期生活。為了清楚起見，我們將這些時期分為三個部分：成形期、古典期和後古典時期。

瑪雅人稱這位神為庫庫爾坎（Kukulkan），阿茲特克人則稱祂為魁查爾（Quetzal），這位帶來光明的神，也被視為將可可帶到世界上的神。可可是各種典禮和儀式的一部分，是戰士和旅行者的食物，也是通往宇宙的大門。可可是神聖的，神奇的事物都要歸功於它。

可可的價值往往與黃金相等，
甚至更高。

成形期大約介於公元前2000年到公元0年。接著便是古典期，結束於公元800年左右，隨後是後古典時期，一直持續到公元1600年左右。在這個時期中，有不同的民族生活，但最著名的是阿茲特克人、瑪雅人和奧爾梅克人。奧爾梅克人是3個民族當中歷史最古老的，而瑪雅人則是存在時間最久的，大約從公元前400年到公元1700年之後。由於瑪雅人存在時間最久、對文明帶來很大的貢獻，他們也是迄今為止最著名的民族。

所有這些民族都與可可的使用和消費有關。我們可能再也找不到不同民族之間合作的有力證據，但他們還是留下了一些驚人的事實，例如，他們都相信一個神，而這位神更有許多相似之處。

可可豆在石皿（metate，一種大型研缽）烘烤和研磨，並與水和胡椒等混合，製成了一種苦澀的泡沫飲料。瑪雅人喝的是溫的，但阿茲特克人喝的卻是不冷不熱，甚至是冷的。這兩種飲料都是先沖泡再由 molinillo（一種由阿爾巴木製成的鍋鏟）混合而成的。據說這種飲料可以取悅眾神，並賦予飲者力量。

直到後來，可可才漸漸被阿茲特克人拿來進行其他用途，例如支付工具 —— 想要換取動物和奴隸，只要拿出可可豆來，交易就能生效。這些例子大家雖然都不陌生，但其實更強調了可可對這些文化的重要性。可可的價值往往與黃金相等，甚至更高。

16 世紀時，西班牙人和其他國家的人紛紛開始跨出歐洲，探索新世界。西班牙人是第一個踏上中美洲的人。早在 1502 年 7 月 30 日，哥倫布在第 4 次航行期間停靠在現在的尼加拉瓜時，就已經以巧克力飲料的形式接觸了可可，他不喜歡這種飲料。17 年後到來的柯提斯（Hernán Cortés）看出了可可的優勢，從那一刻起，可可就被推廣到世界各個角落。一開始是透過西班牙人，後來法國人、葡萄牙人也加入了這個行列，當然還有我們荷蘭人。

種添加香料的水基飲料，有時還添加胭脂樹粉，使其呈現出美麗的紅色。有時還會在混合之前加入一些玉米粉以調製成更濃稠的飲料。由於味道濃烈，要在歐洲銷售十分困難，但添加糖或蜂蜜等甜味劑，以及後來用牛奶代替水以後，這種飲料便越來越受歡迎。最初可可主要在貴族和菁英之間流行；莫札特一家在薩爾茲堡（Salzburg）的理髮店戴假髮時也喝了巧克力。當可可變得比較便宜、巧克力的結構也改善，普羅大眾就可以買到巧克力了。

可可的味道很濃烈，
要在歐洲銷售十分困難。

法國人和英國人在非洲等地留下了他們的印記，我們荷蘭人則往西印度群島發展，並在巴西為葡萄牙人提供一臂之力。在「黃金時代」，阿姆斯特丹進行了大量貿易，從那一刻起，阿姆斯特丹港口便以可可港口的型態扮演主導角色。也正是因為這個原因，荷蘭巧克力製造商大多設點在阿姆斯特丹和贊安（Zaan）地區。直到今天，我們的首都仍然是最大的可可中轉港，不過象牙海岸在這方面也有一搏的機會。

在 17 世紀時，所謂的「巧克力」仍然是一

18 世紀末，液壓機和蒸汽驅動的巧克力研磨機發明了，它們增加了巧克力製作的合理性，也在巧克力質地方面取得突破。幾年之內，歐洲的幾家巧克力工廠變得更加富有。幾間至今仍享有盛名的公司，都是在 19 世紀成立的，可謂該世紀的一大特色。比如佛萊父子企業（Fry and Sons）於 1822 年在布里斯托開設了工廠，吉百利（Cadbury）也於 1831 年在英格蘭設廠。1826 年，蘇查德（Suchard）也在瑞士起家。說到荷蘭巧克力生產史，那就不能不提下面這幾個知名廠牌：成立於 1890 年的多利是（Droste）和

1905 年在阿克馬（Alkmaar）成立的林格斯（Ringers）。至於成立於 1886 年的維卡德（Verkade），最初主要生產麵包、麵包乾還有，嗯，小茶燈——後來它才以巧克力為人所知。而在《糖果商的小說》（*De roman van een banketbakker*）一書中，也提到位在海牙的高檔糖果店克魯爾茶室（Maison Krul），早期是如何自己製作巧克力的。

1879 年，羅道夫·林特（Rodolphe Lindt）發明了精煉巧克力，這是提煉巧克力質地的最後一步。關於這個發明有個浪漫的傳說：某天晚上他忘記關掉攪拌機，隔天早上便發現巧克力變得更精緻。我很懷疑這故事的真實性，但無論如何巧克力變得更滑潤、風味更佳，確實是由機器造成的。

瑞士人甚至靠著這項發明，
在阿姆斯特丹的世界博覽會上獲得金牌。

1828 年，荷蘭人卡斯帕魯斯·范·豪敦（Casparus Van Houten）為可可液壓機申請了專利，這種液壓機能將可可壓製得更細緻，從而發明了可可粉。這在巧克力飲品領域掀起了一場革命。可可經過壓榨以後會流出油脂，這種油脂（即可可脂）可進一步加工，並作其他用途。剩下的乾可可碎屑則會被磨成可可粉。這也牽涉到鹼化的技術，而這正是卡斯帕魯斯的兒子昆拉德·范·豪敦（Coenraad van Houten）的另一項發明。所謂的鹼化，就是透過碳酸鉀處理可可中的酸、進而影響味道和顏色，還可提升粉末在水或牛奶等液體中的溶解度。直到今天，這個鹼化過程依舊被稱作可可的「荷蘭式」（dutched）製程，這一切都要歸功於「荷蘭佬」范·豪頓。

儘管減少牛奶所含水分的技術自 13 世紀以來就於史有據，最早的作法是在陽光下曬乾牛奶，但現代奶粉生產的功勞要歸給 1802 年的俄羅斯人奧斯普·克里謝夫斯基（Osip Krichevsky）。1832 年，第一批商業化生產的奶粉出自化學家迪喬夫（M. Dirchoff），他也是一位俄羅斯人。然而，現在唾手可得的牛奶巧克力，卻要等到因煉乳聞名的亨利·內斯萊（Henri Nestlé，雀巢公司創辦人）將他的奶粉（最初當作嬰兒食品）加進瑞士巧克力製造者丹尼爾·彼得（Daniel Peter）生產的巧克力中，才正式問世。1883 年，這位瑞士人甚至靠著這項發明，在阿姆斯特丹的世界博覽會上獲得金牌。

在 1936 年 7 月 17 日至 1939 年 4 月 1 日的

西班牙內戰期間，英國士兵就已經在吃聰明豆（Smarties）了。糖果中的糖分能為他們提供能量。而從第一次世界大戰歸來的美國士兵表達了對戰鬥中所吃的糟糕食物的不滿之後，美國便對口糧制定了一套新的標準，即所謂的 K 口糧——除了衛生紙和香煙外，巧克力也成了其中的基本配備。

各國百家爭鳴，巧克力歷史放寬白巧克力的定義，原本僅是裹有白色糖衣的巧克力，現在也能喚作白巧克力。

最後，讓我們回到現在。因為就在我即將完成這本書之際，雀巢再次在黑巧克力系列中推出了新奇的玩意。通常，巧克力是用精製糖添加甜味的，但雀巢開發出一種用可可果

巧克力歷史又寫下了新的篇章，
希望未來還有更多人可以不斷跟進。

早在第二次世界大戰之前，也就是 20 世紀初的 1930 年代，白巧克力就已經被製造出來了。起初它被命名為 Galak Bar，後來更名為 Milky Bar。這又是雀巢公司的傑作。1945 年，受僱於默肯斯（Merckens）巧克力公司的庫諾・貝德克（Kuno Baedeker）將白巧克力銷入美國市場。3 年後，雀巢將他們自己的版本引入美國市場，這次取名叫 Alpine white bar（高山白巧克力棒）。這種白巧克力添加了杏仁。很多人認為白巧克力並不算是巧克力家族的正式成員，因為它的成份只有可可中的油脂、實際上不含任何可可固形物。而根據荷蘭國內可可和巧克力商品法令第 14 條規定，白巧克力成分必須含有至少 20% 的可可脂和 14% 的奶粉，奶粉中必須有 3.5% 是乳脂。

肉中的糖來添加甜味的巧克力。巧克力歷史又寫下了新的篇章，希望未來還有更多人可以不斷跟進。

從可可樹到巧克力

TREE TO BAR

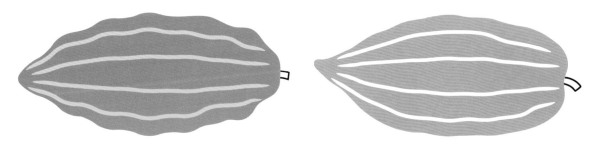

克里奧羅 Criollo

波瑟拉諾 Porcelano

分支品種：奧庫馬雷（Ocumare）、初奧（Chuao）、馬拉卡波（Maracaibo）、瓜沙雷（Guasare）、昆地亞摩（Cundeamor）、安哥勒塔（Angoleta）、潘塔哥納（Pentagona）、奎亞古（Cuyagu）、可洛尼（Choroni）、貝魯阿諾（Beniano）

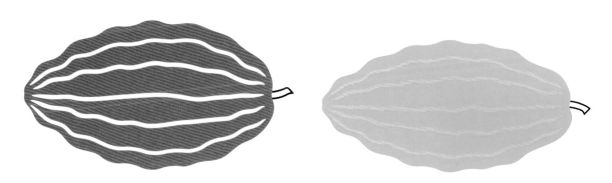

佛拉斯特羅 Forastero

納西歐奧 Nacional

分支品種：阿美隆納多（Amelonado）、康他馬那（Contamana）、庫拉雷（Curaray）、蓋亞納（Guiana）、伊基托斯（Iquitos）、馬拉涅歐（Maranon）、那聶（Nanay）、普魯斯（Purus）、普哈利多（Pajarito）、卡拉巴契羅（Calabacillo）

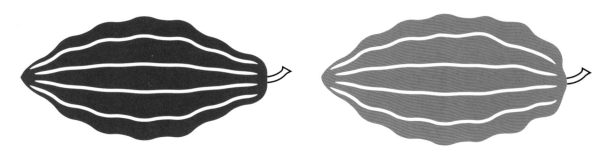

特立尼塔歐 Trinitario

混種 Hybride

品種：ICS、IMC、TSH、CCN、EET、CCL、SCA、SIC、KEE、CCAT

從可可樹到巧克力

種植地區

可可樹沿著地球上最著名、同時也是最大的緯度圈生長：赤道上下 20 度，這一區的氣候非常適合種植可可。溫度、濕度和有利的土壤，這些良好的組合使可可樹得以在這一緯度區生長、開花。可可樹的正式名稱為 Theobroma Cacao，但這個名稱其實包括幾個不同品種。以前在糕點學校的時候，我學到可可只有 3 個品種，但不斷有許多關於可可的研究正在進行。幸運的是，我們發現了越來越多不同的表型或亞種。

品種

讓我們從最著名的品種克里奧羅（Criollo）開始說起。克里奧羅的意思就是「原生的」。克里奧羅豆與其他可可品種相比，大多偏小，通常呈橘紅色，但偶爾你也會發現黃色和淺綠色的豆子。就口味而言，這個品種往往也是最複雜的。克里奧羅底下有幾個分支，例如奧庫馬雷（Ocumare）和瓜沙雷（Guasare），但也有一個被許多人視為頂尖的可可果品種：波瑟拉諾（Porcelana）。波瑟拉諾意為「瓷器」，因為它的果皮較光滑，豆子是白色的。常常有人說，純種克里奧羅已不復存在，而這個品種某種程度上都已是混種後的產物。這種情況下，克里奧羅其實就稱為亞克力歐拉達（Acriollada），也就是各種克里奧羅種混雜在一起。

除了這個原生種以外，我們還有一個「外來種」，或「並非該地區原生」的可可品種，那就是佛拉斯特羅（Forastero）。它的特點是果實大，通常呈黃色或橙色。這個品種較容易生長，也比較不怕病蟲害和黴菌，但風味通常不如克里奧羅複雜。佛拉斯特羅包括許多表型，例如阿美隆納多（Amelonado）、蓋亞納（Guiana）、伊基托斯（Iquitos）和納西歐奧（Nacional）。在眾多表型當中，納西歐奧與眾不同。它來自厄瓜多，在那裡也被稱為阿里巴納西歐奧（Arriba Nacional）或阿里巴；然而，你在秘魯也發現這種可可果，它的名字就叫納西歐奧，顏色大多是黃色，有些則是綠色，風味勝過較無趣的標準版佛拉斯特羅。

接著要介紹的是特立尼塔歐（Trinitario），它是克里奧羅和佛拉斯特羅的雜交品種。雜交的目的是在一個新品種中結合優良的風味、數量和抗病性等特質。因此，這些都是雜交的品種，或稱「人造種」。我們在這裡會看到像是 ICS（Imperial College Selection，「皇家學院選擇系」）和 TSH（Trinidad Select Hybrids，「千里達選擇雜交系」）等等的表型，並由名稱後方的特定數字標識。它們的果實通常帶有紅色系色澤，大小則介於克里奧羅和佛拉斯特羅之間。還有一些沒那麼受歡迎的混種品系，如 CCN-51。1997 年厄瓜多遭遇毀滅性颶風「聖嬰」之後，CCN-51 成了可可農的救星，但可可愛好者卻很討厭它的味道。我個人認為，可可的用法應該才是關注的重點。畢竟如果處理不當，就算是最優秀的波瑟拉

諾也會變成糟糕的巧克力。

種植與收成

在可可種植園，可可樹的生命始於苗圃，在那裡形成幼嫩的扦插條。可可樹平均 5 年後就會結果，這種情況輔以理想的條件大約可以維持 50 年。到了收成時節，通常會使用一種帶柄的鐮刀收割。你可以敲敲看可可果實，如果你聽到空洞的聲音，就表示它已經成熟了，可可豆在果實中呈鬆散狀，並被果肉包圍。從樹幹上切下成熟的可可果實後，會把果實收集起來；收集的過程主要會在種植園中進行，但某些情況下也會出現在野生的可可樹群中。

可可有兩個收成期，分別是「主要作物」期和「中期作物」期，實際收成時間因國家和地區而異。「主要作物」期的持續時間最久，也是收穫果實最多的時期。作物收割後，人們會用木棍敲破果實的皮，再將被果肉覆蓋的豆子刨出。每個可可果實平均含有 35 到 50 顆可可豆。而可可果實成熟後的果肉，嚐起來有點像芒果或荔枝；未成熟的果肉比較酸，吃起來很像鳳梨。這種果肉含有大量水分和糖分，因此非常適合進行下一步過程，也就是發酵。

發酵

發酵過程──也就是腐化，在水分、糖分和溫暖氣候等條件結合下很容易啟動。可可豆通常會放在巨大的木製發酵箱中，底部有孔。整個箱體會用布或香蕉葉覆蓋，營造悶熱的環境。發酵汁殘餘物會從盒子底部的孔中流出，這種物質有時會用來蒸餾酒精。

第一階段是外部發酵，發酵的部分是果肉。這個過程會在幾個小時後就開始。豆堆要定時翻攪，通常會轉移到新的木箱中以控制溫度。第二階段則是內部發酵。在 2 到 8 天之間，可可豆內部會發生轉變，並逐漸形成可可豆的香氣和深邃顏色。發酵過程欠佳或有缺陷的情況下，豆子會變成或維持紫羅蘭色。在這個內部發酵的過程中，風味也會發生顯著變化。大多數可可農會監測可可豆的溫度和 pH 值，或是酸度。開始時溫度約為 25°C，但在這個過程中可能升至 50°C 以上，但不應高於 60°C，因為這會損害風味；過程中 pH 值也會從 7 下降到 4，與番茄汁的酸度相當。不過，每個可可農都有自己的一套標準。

從可可樹到巧克力

1. 可可株

4. 將發酵後的可可豆進行乾燥處理

2. 收割然後敲開成熟的可可果實

5. 將乾燥的豆子包裝並運輸

3. 發酵可可豆

6. 檢查同一批次的可可品質

7. 烘烤可可豆

10. 選好各種原料

8. 將可可碎粒和可可殼分開

11. 將巧克力磨細

9. 可可膏能壓製成可可脂和可可粉

12. 巧克力已經準備好進行加工

在各個可可大宗出口國，其發酵過程的嚴謹程度各有不同。而在擁有高級種植園的國家，這一過程特別受到密切監控。在各種組織中，越來越多人關注可可發酵的匠藝，希望獲得更好的品質。在發酵過程中使用添加物會影響品質，這點也逐漸為人所知，但可惜我們對究竟添加了何種物質仍了解不多，只知道某些細菌會對發酵產生正面影響。此外，還有一種做法是間歇雙重發酵。某種程度上，它與普通的兩階段發酵有本質上的不同——在第一次發酵後，將當地水果加進可可豆中，再進行第二次發酵，這會產生更多香氣。

乾燥處理

發酵後，有時會將豆子清洗乾淨然後進行乾燥處理。這時可可豆的水分含量約為 60%，而含水量必須降到 7% 以下，才能保存並預防發霉。

傳統的乾燥方式是攤在桌上、將桌子擺在陽光下曬乾，並定時用耕耙翻攪可可豆使之均勻乾燥。這個過程也常發生在大型棚子中，由暖空氣加速乾燥過程。在印尼和巴布亞紐幾內亞等國家則會使用柴火，因此你有時會在豆子中聞到煙味。在某些情況也會綜合使用上述做法；使用帶有滾輪的桌子，在陽光明媚的日子推出桌子，遇雨則將桌子推入室內。

當可可豆達到適當的含水量時，就會裝進袋子裡，袋子通常由粗麻布製成。一般標準是將袋子填裝至 60 公斤重。包裝完成後，可可豆會被儲存或運送到安特衛普或阿姆斯特丹的可可港口。在某些、同時也越來越常見的情況下，可可會在原產國被加工成巧克力或可可塊，厄瓜多就是一個很有名的例子。

進口和品質檢查

可可到了目的地國港口或倉庫以後就會分批接受品質檢查並取樣。有幾個檢查重點要注意，首先要檢查的重要項目就是水分含量。運來的可可豆經常會發現仍然太過潮濕，可能會在袋子中滋生黴菌，因而必須丟棄。如果有辦法的話，可可豆會再接受特別乾燥處理。此外還要檢查豆子內部。我們一般會查看損壞情況、是否存在黴菌以及泛紫豆的數量。可可豆呈現紫羅蘭色表示發酵不良，因此很難形成美麗的風味。

然後我們會根據品質檢查的結果，對每個批次進行估價。泛紫豆含量低於 5% 且受損豆含量低於 5% 的批次，我們稱之為「發酵優良」，泛紫豆含量低於 10% 且受損豆含量低於 10% 的批次會被標為「發酵良好」，而泛紫和受損豆含量低於 12% 則稱「均質」。生產可可的法語國家對於可可豆的品質也有三個等級之分：優良（supérieure）、普通（courant）和有限（limite）。

另一個採用的品質標準是 ICCO（International Cocoa Organization，國際可可組織）。這個組織將可可分為以下四種品質：「超優質」（ultrapremium fine）、「優質」（有時又稱「優質或風味可可」，fine or flavour cocoa）、「批量認證」（bulk certified）和「批量」（bulk）。一般來說，克里奧羅和特立尼塔歐的可可豆會獲得「優質」頭銜，而佛拉斯特羅則會被標為「批量」，但也有例外，例如來自厄瓜多的納西歐奧還是會獲得高評級，來自喀麥隆的特立尼塔歐則會被標為「批量」。可可豆的售價，通常也和這個評估有關：品質越高，價格越高。

這種品質控管也會由可可的銷售方和工廠、或甚至是巧克力師傅來進行。風味當然也是很重要的。可可豆被磨得很細以後，會先進行品嚐，看看有無異常──當然最理想的情況是直接讓你品嚐出其美麗的風味，讓你直接評判等級。在大多數情況下會先取少許樣本加以烘烤和研磨，以更深入評估香氣。通常這點會由可可採購商先行測試，然後再由巧克力製造商進行。

烘烤

在巧克力製造商也評估完了可可豆之後，就會對其進行烘烤。烘烤可可豆的時間和溫度，可根據可可豆的類型和將要製作的巧克力的類型加以調整。平均烘烤溫度介於 120 到 140°C 之間，持續時間則介於 20 到 45 分鐘之間。烘烤在鼓式烘烤機或層式烘烤機中進行，也可以在普通的對流烤箱或俗稱「大綠蛋」的烤爐中進行。這能形塑、增強豆子的風味，進一步降低水分含量（至 5% 的平均值），還能殺死所有內含細菌。澱粉的結構也會發生變化，豆子的內部會與豆膜分離。這個過程中會大幅影響最終結果，你有可能把一顆精緻豆子的所有美好風味都烤掉，但一些巧克力製造商偏偏會選擇這麼做，目的是將壞味道除去。如果是要製作生巧克力，則會跳過此步驟。

豆子經過熱處理並冷卻後，它們通常會被兩根輥子壓碎。這會破壞可可豆的核心，並讓豆子內部進一步與豆膜脫離。這些薄膜或可可豆殼比可可豆粒還輕，而且很容易分離。這個過程被稱為風選（winnowing）。這些被移除的膜，我們常常可以在園藝用品店發現它的存在，比如地面蓋布的材質或是作動物飼料的基底。

當碎粒和豆殼分開時，碎粒可以與其他類型的碎粒混製成混合物，或直接進一步加工成未混合的單品。它們也可以用作某些產品的成分，例如可可茶或脆片。巧克力製造商會把它們磨碎成「可可膏」，一種含有顆粒的膏狀物。

從可可樹到巧克力

加工

「膏」一詞自然和流質液體有關。在這個階段，可可已經從堅硬的顆粒物轉變為流動的混合物，儘管它還不是真正的液體。這個階段，一般會擠壓膏狀物，透過對混合物施加壓力，油脂部分會被擠出，這就是可可脂。剩下的乾餅（可可餅）可以進一步加工成可可粉，再透過鹼化過程（也稱為「荷蘭式」程序），形塑並固定風味和顏色，同時提高遇水的溶解度。可可脂可當作不同類型巧克力的添加物，也可當作糕點和化妝品產業的用品原料。在大多數情況下，可可脂都是精製的：也就是所有的味道和氣味都被去除。長期以來，可可脂是唯一允許用於製作巧克力的油脂。然而，就在 2000 年時，另一種油脂也獲准使用、比例最多 5%，這在我看來實在是一大罪過。

就算我們不壓榨可可膏，還是可以將其進一步加工，例如加工成不添加任何其他成分的可可塊。不添額外糖分的可可塊，是我們在糕點店裡常常使用的成分，比如說我在巧克力馬卡龍裡就會用上它。但我們也可以添加其他成分。至於黑巧克力，我們就只添加糖。為了使巧克力更光滑，通常會另外再加點可可脂。如果可可脂比例很高，我們稱之為調溫巧克力。黑巧克力至少含有 18% 的可可脂，而純調溫巧克力則至少含有 31%。純調溫巧克力不會食用，而會拿去加工，例如說帶巧克力外殼的糖果就很適合，因為油脂比例較高的巧克力會更光滑。

而在牛奶巧克力裡，奶粉是額外的添加物，其傳統形式是從牛奶中提取的脫脂或全脂奶粉。不過其他類型也越來越常見，例如綿羊或山羊奶粉。至於無乳糖牛奶巧克力，乳糖已被除去；而在純素版本中，使用的則是植物奶。牛奶巧克力也有調溫巧克力的形式；牛奶巧克力含有至少 25% 的可可脂，調溫牛奶巧克力則含 31%。而白巧克力則缺乏真正的可可。如果要稱之為可可製作的巧克力，至少要含有 20% 可可脂。

白巧克力由可可脂、奶粉和糖組成，這讓口感更順滑。越來越多的巧克力製造商想要用可可脂和其他奶粉讓這種巧克力的口感更多變。其中一個常見的添加物是香草，通常是香草醛。我個人覺得白巧克力的口味並不特別有趣，但它是一種很好的添加物，可以用來製備或裝飾各種其他食物。

除了這些成分，我們通常還會看到巧克力添加了卵磷脂，大約半個百分點。卵磷脂是一種乳化劑，在巧克力中扮演穩定劑的角色，有助於提高黏度（或濃稠度）。添加了這種成分的巧克力，吃起來的口感更滑順，也更容易加工。通常作此用途的卵磷脂來自大豆，但現在我們也看到，向日葵和油菜花籽卵磷脂越來越常投入使用。在巧克力添加卵磷脂會在最後一個步驟，也就是精煉。

當所有成分混合在一起（除配方中的卵磷脂外）以後，就會進一步壓碎團塊。這個步驟是在研磨機完成的：研磨機是一種摩擦生熱的槽，裡面有巨輪將混合物磨得更細碎。這種磨輪將濃稠的膏狀物變成更光滑的「巧克力」。然而，研磨機並不能完全粉碎團塊，巧克力會被磨成粉粒狀。因此，最後一步是

巧克力達到最後階段後，可以進一步加工成塊或鈕扣狀。這時的巧克力可以應客戶要求，經過加熱後用油罐車運送到糖果工廠。在這兩種情況下，巧克力必須調溫。有些巧克力製造商也讓巧克力熟成。巧克力會儲存一段時間，以進一步發展風味，有時也會用現有的調味料影響香氣。

> 巧克力達到最後階段後，
> 可以進一步加工成塊或鈕扣狀。
> 這時的巧克力可以應客戶要求，
> 經過加熱後用油罐車運送到糖果工廠。

進一步研磨，也就是精煉。通常會使用 3 到 5 個加熱後的輥（或稱「軋輥精煉機」），確保最後的顆粒減少，水分含量也低於 1%。此過程可能需要 2 到 96 小時。除了將顆粒磨得更細小之外，研磨和滾軋的過程對風味也有額外的影響。

所有原本存在的酸味都會消失，口感會變得更加微妙。就個人而言，我喜歡巧克力帶有一些個性，我也會選擇在其中保留一些不那麼細微的味道。

現在，巧克力已經準備好了，等待你下訂單品嚐、或是用來製作最美麗又可口的食物！很重要的一點是，別將巧克力保存在太熱的地方，也不要保存在味道不佳的環境中，因為巧克力很容易吸收味道，這可能導致不良結果。

墨西哥

貝里斯

古巴

牙買加

瓜地馬拉

薩爾瓦多

尼加拉瓜

哥斯大黎加

巴拿馬

哥倫比亞

厄瓜多

宏都拉斯

委內瑞拉

多明尼加共和國

海地

安奎拉

多米尼克

馬丁尼克

聖露西亞

聖文森

格瑞那達

千里達和多巴哥

蘇利南

圭亞那

秘魯

玻利維亞

巴西

20°

赤道

20°

幾內亞

獅子山

賴比瑞亞

象牙海岸

迦納

多哥

貝南

奈及利亞

喀麥隆

中非共和國

聖多美普林西比

赤道幾內亞

加彭

安哥拉

剛果

夏威夷

緬甸

印度

越南

泰國   菲律賓

斯里蘭卡   密克羅尼西亞

馬來西亞

巴布亞紐幾內亞

烏干達

坦尚尼亞

科摩   印尼   索倫門群島

東帝汶   萬那杜   薩摩亞

斐濟

馬達加斯加   東加

澳洲

從可可樹到巧克力

墨西哥

墨西哥

年產量：
27.287 噸

佔世界產量的百分比：
0.54%

現有品種：
克里奧羅／佛拉斯特羅／特立尼塔歐

優質或風味可可百分比：
墨西哥 100%

一般收成期：
主要作物：10 月至 2 月
中期作物：3 月至 8 月

常見香味：
水果土壤／菸草／香料

墨西哥至今仍常常被視為可可原產地所在的國家。正如你在前面關於歷史的章節所讀到的，我們現在知道這個假設並不正確。

然而，這個國家還是扮演很重要的角色：無論是瑪雅人還是後來的阿茲特克人，都非常重視這個「神的食物」。墨西哥南部的索科努斯科（Soconusco）地區長期以來屬於瓜地馬拉，以出產特別的可可聞名。我自己曾用來自該地的豆子製作了我碩士術科考試所用的巧克力。墨西哥最大的可可產量（約 65%）來自墨西哥南部的塔巴斯科（Tabasco）。以前墨西哥的可可整體產量要比現在高得多，年產量曾經一度高達 46,700 噸。但由於 2001 年爆發的黴菌感染（念珠菌），產量直線下降，所幸現在產量又開始增加了。目前，墨西哥的可可很大一部分是供國人使用的，通常用於鹹味菜餚。

墨西哥可可的風味很複雜，有櫻桃和紅醋栗等水果口味，也有像是糖蜜的褐色水果口味。如果你更努力找，還會發現土壤和菸草口味；較重的口味需要你發揮嗅覺以及對可可的深度理解才能領略。

從可可樹到巧克力

貝里斯／瓜地馬拉／薩爾瓦多

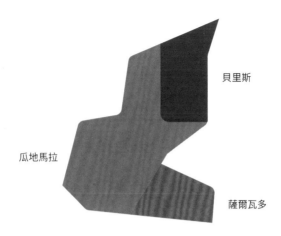

貝里斯

瓜地馬拉

薩爾瓦多

年產量：
12.397 噸

佔世界產量的百分比：
0.24%

現有品種：
克里歐奧／特立塔尼歐

優質或風味可可百分比：
貝里斯 50%
瓜地馬拉 50%

一般收成期：
主要作物：4 月至 6 月
中期作物：10 月至 12 月

常見香味：
水果／咖啡／香料／堅果

這些國家也是原始中美洲的一部分，主要經濟來源也是可可，儘管在可可產量方面並不是非常突出。不過，這並不代表這裡的可可風味平淡無奇。這些國家也生產巧克力，但大部分巧克力豆都出口到歐洲、美國或日本。近年來，這一地區非常努力增加產量，特別是在薩爾瓦多。很有趣的一點是，這些國家使用「巧克力」的主要形式是飲料，而不是我們立即聯想到的片狀形式。而當我想到貝里斯時，我總是想起我嚐過的「克拉克」（Krak）牌巧克力棒，它正是用這個國家所產的豆子製成的，也是我嚐過的最美味的巧克力之一。

這個地區會出現鳳梨和柑橘等水果風味，有時還有成熟的櫻桃。瓜地馬拉有小荳蔻等香料風味，但也帶有一種奶油味。至於貝里斯的豆子，你會嚐到堅果（如夏威夷豆）的味道，以及土壤和咖啡。

從可可樹到巧克力

哥斯大黎加／尼加拉瓜／宏都拉斯

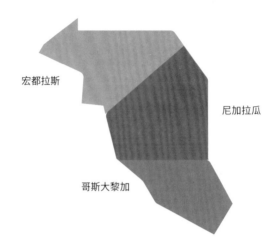

宏都拉斯

尼加拉瓜

哥斯大黎加

年產量：
7.896 噸

佔世界產量的百分比：
0.16%

現有品種：
克里奧羅／特立尼塔歐

優質或風味可可百分比：
哥斯大黎加 100%
尼加拉瓜 100%
宏都拉斯 50%

一般收成期：
主要作物：8 月至 2 月
中期作物：4 月至 7 月

常見香味：
水果／堅果／花卉／可可／土壤／咖啡

除哥斯大黎加外，這一地區的國家都是原始中美洲的一部分，因此擁有豐富的文化和歷史。即使哥斯大黎加的可羅特佳（Chorotega）和布里布里（Bribri）原住民被西班牙征服者擊潰並驅逐到其他地區，可可仍然是一種重要的作物。現在，許多可可已經被香蕉和咖啡所取代，這兩者是這個國家的重要出口品。你經常看到這些作物共生，因為作物生長的樹木也彼此毗鄰。可可主要用於出口，當地作物則是自用或在當地銷售。這些國家共有的趨勢是，收成主要來自小農，他們有時只擁有 1 或 2 公頃土地。你也會看到一些農民，他們就在自家庭院露台種起可可；你隨處都會看見一棵可可樹，其生長的豆子有時甚至只經過乾燥處理，但並沒有發酵。這種可可豆也被稱為「紅可可」。

我們可以買到來自這些國家的可可，它們有時候味道十分美妙，特別是來自尼加拉瓜和宏都拉斯的克里歐奧。柑橘和熱帶水果的香氣，與芬芳的花卉和堅果香氣交替出現。在哥斯大黎加，你有時會發現略帶煙燻味的可可、同時帶有淡淡的咖啡味。

從可可樹到巧克力

古巴／多明尼加共和國／海地／牙買加／安奎拉

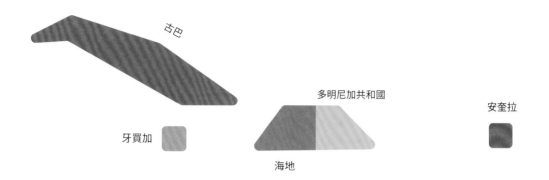

年產量：
100.615 噸

佔世界產量百分比：
2%

現有品種：
特立尼塔歐

優質或風味可可百分比：
多明尼加共和國 40%
牙買加 95%

一般收成期：
主要作物：4 月至 7 月
中期作物：10 月至 11 月

常見香味：
水果／蜂蜜／焦糖／咖啡／花卉

在這 5 個國家的所有可可中，有 87% 來自多明尼加共和國。可可並不是這些國家的原生產品，而是由西班牙殖民者等其他人進口、種植的。法國人也在這裡扮演重要角色，例如在海地和多明尼加共和國。多明尼加共和國的可可生產完全是有機的，該國是最大的有機可可脂出口國。而由於古巴與美國之間的貿易禁運自 1962 年以來一直存在，古巴的可可出口相當困難。這項禁運條例甚至影響了由古巴可可豆製成的巧克力的貿易。

就風味而言，牙買加的可可是我最喜歡的。我發現了好幾種絕佳風味，搭配一瓶上等拉格啤酒更棒。這裡的可可帶有美麗的褐色水果味，有時也呈現些微的葡萄味。你在多明尼加共和國也能嚐到類似口味，通常帶有芬芳的花香，甚至還有乳製品的奶油味。

從可可樹到巧克力

千里達和多巴哥／聖露西亞／格瑞那達／聖文森／多米尼克／馬丁尼克

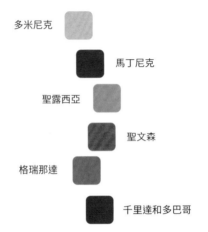

年產量：
1.754 噸

佔世界產量百分比：
0.04%

現有品種：
佛拉斯特羅／特立尼塔歐

優質或風味可可百分比：
千里達和多巴哥 100%
聖露西亞 100%
格瑞那達 100%
多米尼克 100%

一般收成期：
主要作物：4 月至 11 月
中期作物：12 月至 3 月

常見香味：
水果／焦糖／木頭／咖啡／土壤

在這一塊地區，西班牙人將可可帶進了千里達和多巴哥、留下屬於自己的印記，而在其他國家這麼做的則是法國人。這個地區的可可僅佔全球產量 0.04%，你可能覺得這似乎不值得一提。1727 年左右，千里達發生災難，大部分的種植園被毀。為了尋找解決方案，人們將美味的克里歐奧和易於種植的佛拉斯特羅、阿美隆納多相互混交。特立尼塔歐就是這樣誕生的。1920 年代，帝國熱帶農業學院（Imperial College of Tropical Agriculture）還在千里達針對抗病力強、口感好的可可進行大規模研究，於是各個品種都經過篩選、檢驗和雜交；這是當今特立尼塔歐的重大發展，由此產生的混種幾乎遍布這一區所有的可可生產國。由於這些地區的特立尼塔歐比例很高，ICCO（國際可可組織）已將六個國家中的四個國家授予 100% 優質或風味可可評級。

我們在這裡遇到的口味與周邊（島嶼）國家有些一致，也就是大量的熱帶水果（芒果）、焦糖和咖啡。但你也會發現比較成熟的味道，比如木頭和土壤。真的是深不可測。

從可可樹到巧克力

哥倫比亞／巴拿馬

年產量：
57.470 噸

佔世界產量百分比：
1.15%

現有品種：
克里歐奧／佛拉斯特羅／特立尼塔歐

優質或風味可可百分比：
哥倫比亞 95%
巴拿馬 50%

一般收成期：
主要作物：4 月至 6 月
中期作物：10 月至 12 月

常見香味：
可可／水果／木頭／咖啡／堅果／土壤

大約從 1500 年到 1800 年，這兩個國家都是西班牙人的殖民地。在哥倫比亞，越來越多原本要用來製作古柯鹼的古柯種植園，正慢慢被拿來種植可可。藉由選擇合法種植，我們正在朝著一個更安全、更有保障的未來努力。在巴拿馬，甚至還有一個地區就叫作「可可」（El Cacao），說明了種植可可對這個國家有多麼重要。如今，你可以在這裡散步欣賞當地美麗風情，並參觀可可種植園。

我與哥倫比亞的聯繫，主要透過貝圖利亞可可（Cacao Betulia）的克里斯蒂·瓦雷斯（Christian Velez）進行。他種植的克里奧羅很棒，每個類型都由 B 開頭（代表貝圖利亞）命名，每個亞種都有編號。我一開始採用的是 B7 和 B9。除了扎實的可可口味外，你還會在這裡找到令人聯想到鳳梨、但又很像芒果和柑橘的水果風味。你還會嚐出一些咖啡、木頭和堅果的味道，比如核桃和杏仁。而在巴拿馬的可可中，我也嚐出許多焦糖味。

從可可樹到巧克力

巴西／玻利維亞

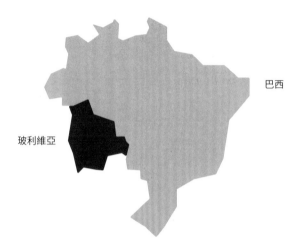

年產量：
241.599 噸

佔世界產量百分比：
4.81%

現有品種：
克里歐奧／佛拉斯特羅／特立尼塔歐

優質或風味可可百分比：
玻利維亞 100%

一般收成期：
主要作物：10 月至 3 月
中期作物：6 月至 9 月

常見香味：
可可／水果／花卉／蜂蜜

正如我在「歷史」一章中提過的，人們在亞馬遜盆地發現可可的踪跡，其歷史可追溯至 5 千 3 百年前。而葡萄牙對巴西的殖民更大力推動了可可的生產。以可可生產來說，巴西甚至是美國最大的供應國。但由於 1989 年爆發了「叢枝病」（witches broom），可可產量下降了 75%。至於玻利維亞則得到了 100% 優質或風味可可評級，我們在這裡會發現克里奧羅亞馬遜尼柯（Criollo Amazonico），也被稱為貝尼阿諾（Beniano）。據說，玻利維亞有一個野生可可樹種，生長在貝尼省（Beni）的各處，只能搭小舟才能看到。在這個地方，你不會看到很多大型種植園。這和巴西不一樣：我們經常遇到 CCN 這個混種表型。巴西的巴伊亞（Bahia）地區是著名的可可產區。

至於口感方面的心得，在這些國家你主要會碰上水果風味，通常是黃色水果，如鳳梨和芒果（以可可味為基底）。而在玻利維亞，則有更細緻的蜂蜜、茉莉花等風味，有時候還會嚐到杏子的味道。

從可可樹到巧克力

秘魯／厄瓜多

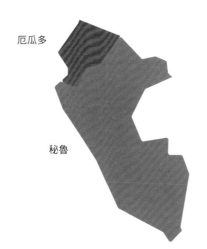

厄瓜多

秘魯

年產量：
321.825 噸

佔世界產量百分比：
6.41%

現有品種：
克里奧羅／佛拉斯特羅／特立尼塔歐

優質或風味可可百分比：
秘魯 75%
厄瓜多 75%

一般收成期：
主要作物：3 月至 6 月
中期作物：12 月至 1 月

常見香味：
水果／花卉／堅果／木頭／可可

在秘魯和厄瓜多，我們發現了兩種特殊的表型。秘魯有個獨有的波瑟拉諾，是克里奧羅的一個亞種，但在這裡以皮烏拉（Piura）這個秘魯北部地區的名字而聞名。在厄瓜多，我們則發現了一個屬於佛拉斯特羅的品種，即阿里巴納西歐奧。兩者都具有可口而複雜的風味。當然，波瑟拉諾的神話色彩繽紛燦爛，畢竟嚴格來說，真正的波瑟拉諾只來自委內瑞拉，而這裡的波瑟拉諾是它的後代，而且遺傳了相似的特性。

在秘魯，我們能在可可當中嚐到新鮮水果，如鳳梨和百香果，但也有夏威夷豆和白紫羅蘭的風味。至於厄瓜多，可可的風味比較扎實，但阿里巴品種的風味偏向黃色水果、蜂蜜、白花、綠香蕉和堅果。不幸的是，厄瓜多跟許多其他國家一樣，這種表型越來越越常與其他型混合，導致品質下降。混合的原因是各類可可之間的價格差異實在太低，進行區分並不划算。你在叢林裡仍然可以找到特殊的可可品種，但是由於伐木、可可價格低落和氣候變化等因素，要生產它們得頂住極大壓力。

從可可樹到巧克力

委內瑞拉

委內瑞拉

年產量：
23.349 噸

佔世界產量百分比：
0.47%

現有品種：
克里奧羅／特立尼塔歐

優質或風味可可百分比：
委內瑞拉 100%

一般收成期：
主要作物：11 月至 1 月
中期作物：5 月至 7 月

常見香味：
堅果／水果／焦糖／木頭／咖啡／香草

我們可以在委內瑞拉找到非常好的可可。在 16 世紀西班牙人來到此地定居之前，這裡就已經有許多美好的事物。在這裡佔據主導地位的品種是克里奧羅。我們還能在靠近馬拉開波湖的地區發現此地專屬的波瑟拉諾。馬拉開波湖也就是波瑟拉諾這種表型的起源地。委內瑞拉北部有一個沿海小鎮，名叫初奧（Chuao）。在這個幾乎人跡罕至的地方，就在亨利・皮提爾國家公園（Henri Pittier National Park）旁邊，生長了一種非常特別、備受推崇的克里奧羅。在可可的世界中，這種初奧可可果可說是頂尖的。

在風味方面，我們在克里奧羅中主要會嚐到堅果味，例如核桃和榛果，帶有扎實的可可層還有一些焦糖。但你也會發現紅色水果，甚至是百香果。你幾乎可以說這種可可豆涇渭分明：底部味道較重，頂部則有新鮮果味層，通常佐以木頭和一點香草氣味。克里奧羅是一種精緻的可可果，而波瑟拉諾尤甚。除了對種植園的影響應該列入考慮，巧克力製造商也應該注意這一點，因為豆子的烘焙度很低。烤得太高溫或太久會讓所有美好風味消失。

從可可樹到巧克力

蘇利南／圭亞那

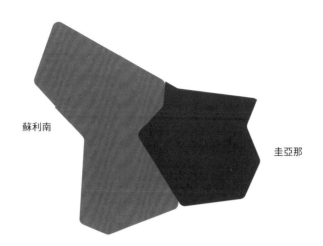

蘇利南

圭亞那

年產量：
434 噸

佔世界產量百分比：
0.01%

現有品種：
特立塔尼歐

優質或風味可可百分比：
暫缺

一般收成期：
主要作物：11 月至 12 月
中期作物：5 月至 7 月

常見香味：
可可／水果／咖啡

蘇利南是英國人和荷蘭人在殖民時期條件交換的一部分。當初荷蘭人放棄了新阿姆斯特丹──也就是今天的紐約，得到了蘇利南；而圭亞那則被法國人佔領。在圭亞那有一個地方我很想搬過去住，它的名字叫「可可」。如果這世界真有天堂的話……這個名字就說明了可可的角色是多麼的重要。這個國家的熱帶雨林非常茂密，種植園都有些破敗。2002 年，威爾斯親王從該地區的一家合作社購買了可可，以促進種植園的發展。

儘管如此，這裡依舊只是世界可可生產中一個非常小的區域。然而，每次我與蘇利南人聊天時，他們都會想起可可。我常常聽到他們提到家裡後院有幾棵樹、還會從樹上摘東西下來。過去那裡的產量較高，但在 19 世紀末叢枝病爆發後，產量便直接萎縮。目前這裡也在進行重建。Tan Bun Skrati 巧克力正是在蘇利南製造的，名字可翻譯成「萬事如意」巧克力。這是一種比較粗糙的巧克力，至於風味的話，你會發現香蕉、杏子和一點咖啡味。

從可可樹到巧克力

獅子山／賴比瑞亞／幾內亞

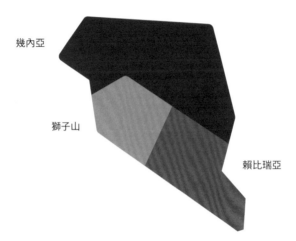

幾內亞

獅子山

賴比瑞亞

年產量：
33.860 噸

佔世界產量百分比：
0.68%

現有品種：
佛拉斯特羅／特立尼塔歐

優質或風味可可百分比：
暫缺

一般收成期：
主要作物：10 月至 3 月
中期作物：5 月到 8 月

常見香味：
可可／堅果

這是位於西非地區的 3 個國家。對可可來說，西非是一個很重要的區域，世界總產量的 70% 以上來自這裡。這主要必須歸功於鄰國象牙海岸和與其接壤的迦納。這個地區的國家，大多有一段殘酷的奴隸制度歷史。比如說，獅子山的自由城等城市是由返鄉的奴隸建立的。從各種永續發展計劃中，我們可以更了解這些國家的難處，因為高度的非法採伐已經導致許多天然森林消失。有趣的是，在獅子山，越來越多的人轉而生產有機可可，而且品質也在提高。由於這個地區的農民很窮，而且往往沒有錢投資農藥，所以土壤比較乾淨。因此，往有機方面發展有較大的成功機會。

在風味方面，這些國家的風味與西非其他國家一致。主要的可可味道較重，並且不時還有杏仁和山核桃等堅果點綴。我個人對這些國家在未來幾年即將面臨的各種發展感到非常好奇。

從可可樹到巧克力

象牙海岸

象牙海岸

年產量：
2.034.000 噸

佔世界產量百分比：
40.52%

現有品種：
佛拉斯特羅／特立尼塔歐

優質或風味可可百分比：
暫缺

一般收成期：
主要作物：10 月至 3 月
中期作物：5 月至 8 月

常見香味：
可可／堅果

象牙海岸是世界上最大的可可生產國，而且遠大於其他國家。15 世紀葡萄牙來過這裡後，法國人也亦步亦趨。他們看到了種植可可的機會。當象牙海岸在 1960 年完全獨立後，情況更是一發不可收拾。由於全球巧克力消費量的提升，這個國家的可可產量更是爆炸性成長。象牙海岸還擁有世界第二大可可港口，僅次於阿姆斯特丹。而在將可可豆加工成半成品（研磨碎粒）方面，象牙海岸也超過了荷蘭。這些半成品主要被製造商用來製作巧克力等產品。

毫不意外的是，象牙海岸的可可並不是最好的。這裡的產量可是多得荒謬，量重於質。你在超市看到的巧克力，其可可大部分都是來自象牙海岸，並與迦納、奈及利亞和喀麥隆等其他國家的可可混合。因此，我沒有太多的品嚐心得可以分享，這裡的可可味道大多很平淡。不過，我還是很高興得知這些國家努力改善生活條件和自然環境，並進行了大量的投資。

從可可樹到巧克力

迦納

迦納

年產量：
883.652 噸

佔世界產量百分比：
17.6%

現有品種：
佛拉斯特羅／特立尼塔歐

優質或風味可可百分比：
暫缺

一般收成期：
主要作物：9月至3月
中期作物：5月至8月

常見香味：
可可／堅果／木頭／水果

迦納是世界第二大可可生產國，只有鄰近的象牙海岸每年生產得比她還多（超過兩倍）。關於可可如何來到此地的故事有很多版本。其中一個版本提到，迦納農藝師泰特赫·誇西（Tetteh Quarshie）在 1800 年代後期從赤道幾內亞帶來了可可豆。另一個版本則提到一種荷蘭醬，也就是我們的傳教士在遊歷各國期間帶去的。不管原因究竟為何，這裡的可可生產速度非常快，甚至有點太快了。可可農只擁有小片土地，收入太少，無法維持生計，而從事可可種植的人口多達 15%。政府對可可出口課徵重稅，使得該國經濟極度依賴可可部門。

這種可可（通常是阿美隆納多）以大宗可可的形式銷售，供世界上主要的巧克力製造商使用。這不表示你無法用它做出美味的巧克力，只是品嚐心得可能不會太豐富。畢竟，造就優質或風味可可的原因在於生產過程和種植園本身的內部細節，而以這種大宗生產的可可製成的巧克力口味比較平淡。

從可可樹到巧克力

奈及利亞／多哥／貝南

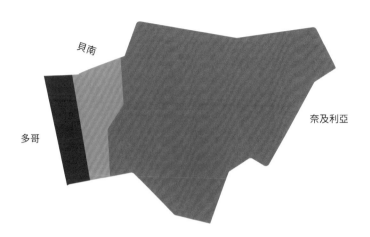

年產量：
345.885 噸

佔世界產量百分比：
6.89%

現有品種：
佛拉斯特羅／特立尼塔歐

優質或風味可可百分比：
暫缺

一般收穫期：
主要作物：9 月至 3 月
中期作物：5 月至 8 月

常見香味：
可可／堅果／水果／草藥

直到現在，這一區的幾個可可生產國還沒有得到太多關注。這很特別，因為就世界產量而言，奈及利亞可以排名第四。與大多數其他非洲國家一樣，在英國殖民者的鼓勵下，大約從 1800 年開始在這裡種植可可。可可樹在奈及利亞生長良好，多年來它是主要的出口產品。在 1960 年代，有 20% 的可可來自奈及利亞。

在肥沃的奈及利亞土壤中發現大量石油時，一切全都變了。一夕之間，所有焦點從農業轉移到石油，結果農民幾乎再也得不到支持，產量急劇下降。現在，農業領域再度獲得了比較多關注。與其他國家一樣，這一區最大的問題是價格低、收成少、樹老、可可病、可可農高齡化以及年輕人往大城市遷移。貝南和多哥也有類似的情況，儘管這些國家的產量要少得多。我們在這些國家主要遇到的可可類型是來自巴西的阿美隆納多和各種特立塔尼歐。儘管大多數來自奈及利亞、貝南和多哥的可可並不以品質著稱、而且大部分都是大宗生產，但仍有許多地方可以種植優質可可。

從可可樹到巧克力

喀麥隆／聖多美普林西比／赤道幾內亞

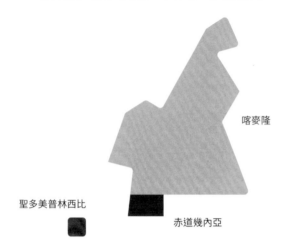

喀麥隆

聖多美普林西比

赤道幾內亞

年產量：
243.191 噸

佔世界產量百分比：
4.84%

現有品種：
佛拉斯特羅／特立尼塔歐

優質或風味可可百分比：
聖多美普林西比 35%

一般收成期：
主要作物：9 月至 3 月
中期作物：5 月至 8 月

常見香味：
土壤／水果／可可／香料

聖多美普林西比是非洲第一個種植可可的國家。1819 年，葡萄牙人在聖多美種植了第一批可可樹，因為他們想從可可中獲得收入。基本上，佛拉斯特羅品種的阿美隆納多可可也在這裡生長。隨後喀麥隆也開始生產可可，時間大約是 19 世紀末。喀麥隆是一個被法國人和英國人佔領的國家，至今仍努力嘗試破除兩極對立。與其他非洲生產大國一樣，喀麥隆的農民很窮，土地面積小，政府也不怎麼支持。很少有農民加入合作社，他們透過各種中介方進行銷售。喀麥隆有一點相當特別，那就是這裡生長相當多的特立塔尼歐樹種。因此，如果我們堅持「優良風味」的遺傳學定義、也就是特立塔尼歐或克里奧羅品種，那麼喀麥隆應該也能加入這類國家的行列，就像地理位置較遙遠的聖多美普林西比一樣。原則上，這個頭銜可以讓農民索取更高的價格。但不幸的是，現實並非如此。然而，許多巧克力製造商喜歡喀麥隆豆的顏色，因為它更紅，因此使巧克力呈現出漂亮的紅棕色。

這裡的可可豆風味偏向可可和土壤等較重的口感，但我們也發現黃色水果和紅色水果等水果口感，有點像是覆盆子。

從可可樹到巧克力

剛果／安哥拉／加彭／中非共和國

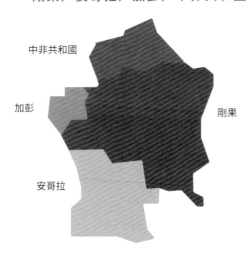

年產量：
8.407 噸

世界產量百分比：
0.17%

現有品種：
佛拉斯特羅／特立尼塔歐

優質或風味可可百分比：
暫缺

一般收成期：
主要作物：9 月至 4 月
中期作物：5 月至 8 月

常見香味：
可可／水果／乳品

不是很多人知道這些國家其實種了不少可可。當然所謂的「不少」其實是相對的，因為從整體來看他們只能算是小型出產國。這些國家看到了可可在迦納和象牙海岸所扮演的重要角色，政府也越來越執著於促進可可產業發展。然而，這些國家的情況其實很艱困。他們的歷史都背負著沉重的戰爭包袱，今天的剛果和中非共和國仍然戰火不絕。對於擁有土地的人來說，投入農業是一個合理的選擇。除了香蕉、果醬和木薯等其他作物外，許多農民還選擇了可可──他們在當地市場出售這些作物。這些國家幾乎沒有在當地加工可可，也幾乎沒有巧克力消費。在這些國家中，最特別的可可來自剛果，來自維龍加（Virunga）國家公園所在的北基伏（Kivu）地區。這是一個與烏干達和盧安達接壤的特殊林域，也是世上僅存的一批野生山地大猩猩生活的地方。

剛果可可富含果味，具有鳳梨和芒果等標準香氣，但幾乎都還帶了一股奶油味和濃郁的可可味。有時你也會遇到比較芬芳的口味，例如花卉和草藥。

從可可樹到巧克力

坦尚尼亞／烏干達

烏干達

坦尚尼亞

年產量：
39.860 噸

佔世界產量百分比：
0.79%

現有品種：
佛拉斯特羅／特立尼塔歐

優質或風味可可百分比：
暫缺

一般收成期：
主要作物：9 月至 3 月
中期作物：5 月至 8 月

常見香味：
可可／水果／堅果／土壤

大約在 1880 年，託德國殖民者的福，可可才得以進入坦尚尼亞。不幸的是，來自這些國家的可可大多進入了由大型巧克力製造商混製的批量可可山中。不過，這裡有些特別的事情正在發生：如今大多數「從可可豆到巧克力」（bean-to-bar）巧克力製造商，都有一款「坦尚尼亞巧克力條」產品，這要歸功於 2015 年創始的 Kokoa Kamili 合作社。在幾乎所有非洲國家，農民在收穫後自行安排發酵和乾燥是很常見的。這些是可可風味發展的重要過程，所以如果你將來自多個農場的可可混合在一起，會得到一種不太好的風味特徵。Kokoa Kamili 於是另闢蹊徑：他們向農民支付高價購買濕豆。於是，可可得以集中發酵、乾燥，味道也更宜人且更一致。除了可可以外，這些國家也種植咖啡，許多農民兩者都種。另一個很好的例子我認為是賈姬‧可葳卡（Jaki Kweka）。她是一位坦尚尼亞女士，創立了該國第一個手工巧克力品牌 Chocolate Mamas，並且只使用坦尚尼亞原料。

我們在這裡會發現的水果香氣，主要是芒果等熱帶水果味，帶有濃郁的咖啡和可可風味。

從可可樹到巧克力

馬達加斯加／科摩

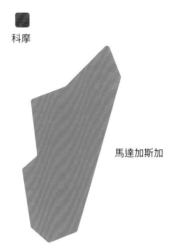

科摩

馬達加斯加

年產量：
11.050 噸

佔世界產量百分比：
0.22%

現有品種：
克里奧羅／佛拉斯特羅／特立尼塔歐

優質或風味可可百分比：
馬達加斯加 100%

一般收成期：
主要作物：10 月至 11 月
中期作物：5 月至 6 月

常見香味：
水果／木頭／堅果／蜂蜜／香料

馬達加斯加的可可常常獲得巧克力鑑賞家的高度評價。如果你特別尋找優質或風味可可，可以在這裡找到 100% 的可可。把可可引進此地的是法國人，時間是 19 世紀。在馬達加斯加島上，你還會發現許多巧克力製造商將豆子加工成巧克力，例如 Akesson's Chocolate。這裡的另一個著名產品則是香莢蘭，是製造波本威士忌的香草品種。通常這兩種產品會結合在巧克力中，或是用巧克力製成的菜餚中。

如果你問一個普通的巧克力鑑賞家，馬達加斯加可可豆的特點是什麼，他們會說：帶點酸味的紅色水果味，還有一種天然的甜味。這裡的可可豆風味獨特，通常還佐以些許木頭味和杏仁之類的堅果味。我有時還會嚐到像是蜂蜜的甜味，也很像糖漿。巧克力製造商因此非常喜愛馬達加斯加可可豆，巧克力師傅也喜歡使用這裡的巧克力。由於豆子的新鮮度也反映在巧克力中，因此以美食的角度來說，結合這裡的巧克力會非常有趣。它不像黑巧克力通常給人一種沉重感，某種程度上反而還能舒緩味覺。

從可可樹到巧克力

越南

越南

年產量：
4.750 噸

佔世界產量百分比：
0.09%

現有品種：
特立塔尼歐

優質或風味可可百分比：
越南 40%

一般收成期：
主要作物：5 月至 10 月
中期作物：1 月至 2 月

常見香味：
水果／土壤／堅果／香料／木頭

當我品嚐來自越南的生可可豆時，我感覺出一點肉桂、再加上無花果乾的糖漿似的水果味。還有另一種豆子含有較新鮮的水果味，像是柑橘，但基底都是扎實的木頭味。這是一個非常特別的發現，當我嚐出這些味道後不禁正襟危坐起來，因為這完全在我預料之外。儘管葡萄牙人在中世紀之後就已經踏足此地，但將可可帶進這裡的還是法國人。1862 年，越南也正式成為法國殖民地。法國的殖民持續了一段時間，在第二次世界大戰期間短暫中斷，直到 1976 年，美國和法國軍隊隨著越戰結束而撤出才真正告終。

我非常欣賞的一種越南豆製成的巧克力瑪柔（Marou），是在西貢製造的。它最初是由法國巧克力製造商文森・瑪柔（Vincent Mourou）和山姆・馬魯塔（Samuel Maruta）共同製作。我還知道78%的檳榔（Ben Tre）巧克力，豆子有種迷人的香料味，木頭的口感也帶來更深的層次。

從可可樹到巧克力

菲律賓／印度／斯里蘭卡

印度

斯里蘭卡

菲律賓

年產量：
27.300 噸

佔世界產量百分比：
0.54%

現有品種：
克里奧羅／佛拉斯特羅／特立尼塔歐

優質或風味可可百分比：
暫缺

一般收成期：
主要作物：5 月至 10 月
中期作物：1 月至 2 月

常見香味：
水果／煙燻／土壤／堅果

亞洲與非洲一樣，並不是可可的原生地，而是由歐洲的佔領者所種植，以滿足該國的消費需求。西班牙人在 17 世紀將可可帶進菲律賓，菲律賓因而成了第一個種植可可的亞洲國家。然後，英國人在 18 世紀來到了印度和斯里蘭卡。可可在這三個國家中並未在經濟或文化方面扮演重要的角色，這點也反映在偏低的世界產量佔比上。印度也種植了少量可可，主要供應給歐洲巧克力製造商，但同時印度也是巧克力的主要進口國。

你在菲律賓可可中可能會嚐到堅果的風味，例如山核桃或葡萄乾。我品嚐過三種印度可可，其中一種很糟糕，另外兩種的土壤味非常濃郁，帶有明顯的煙燻味。如果可可來自經常下雨的地區，你確實會嚐出煙燻味，因為當地農民會用柴火烘乾可可；這種煙燻味也還出現在印尼和巴布亞紐幾內亞的可可中。不過，煙燻味究竟是不是一種理想的風味，往往是個值得探討的問題。

從可可樹到巧克力

泰國／馬來西亞／緬甸

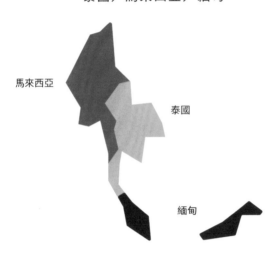

馬來西亞

泰國

緬甸

年產量：
1.350 噸

佔世界產量百分比：
0,03%

現有品種：
佛拉斯特羅／特立尼塔歐

優質或風味可可百分比：
暫缺

一般收成期：
主要作物：5 月至 10 月
中期作物：1 月至 2 月

常見香味：
水果／堅果／木頭

西班牙統治者藉由菲律賓進入其他幾個亞洲國家，包括泰國。泰國大部分的可可都產於北部的清邁地區。雖然這裡提到的三個國家都不是非常重視可可，但他們確實越來越注重品質並增加產量。在這三個國家當中，可可產量主要來自馬來西亞。我們現在可以看到，越來越多的巧克力在可可原產國生產的趨勢，而這在泰國也很明顯，而在泰國境外使用他們所產豆子的巧克力製造商並不多。要獲得泰國可可豆並不容易，而且品質還未達到可在世界各地銷售的精緻度。

就香氣而言，這裡的可可口感偏向乾果，還有一點堅果和木頭的成熟氣息。但你也可以嚐到堅果的風味，例如山核桃或核桃。

從可可樹到巧克力

印尼／東帝汶

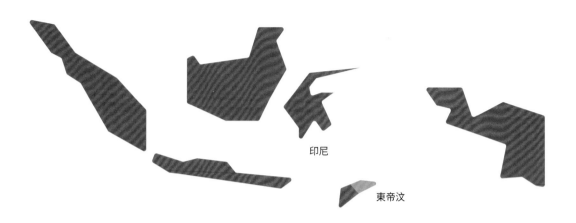

印尼

東帝汶

年產量：
540.176 噸

佔世界產量百分比：
10.76%

現有品種：
佛拉斯特羅 / 特立尼塔歐

優質或風味可可百分比：
印尼 1%

一般收成期：
主要作物：9 月至 12 月
中期作物：3 月至 7 月

常見香味：
煙燻／堅果／木頭／皮革／菸草／可可

歷史上，荷蘭在印尼留下了深刻的印記，然而將可可帶進龐大的印度尼西亞群島的並不是荷蘭人，而是 17 世紀先於我們到達該地的葡萄牙人。不過，靠著我們東印度公司的商業頭腦，我們在 18 世紀於當地大力推動了可可的生產。印尼現在是可可生產國的第三位，僅次於象牙海岸和迦納。這裡的可可產業也遭受過幾次嚴重的打擊，例如各種自然災害和可可病，摧毀了大部分收成。這裡的可可品質不算太好，因為農民遭遇各種打擊而不再積極，於是忽略了可可。這類品質低落的現象通常會出現在可可脂或可可粉中。不過，峇厘島上倒是有許多小型計劃進行中，目的是提升當地生產的巧克力品質。

印尼可可常用於製作牛奶巧克力，這是因為豆類中的油脂含量相對較高。你經常會在這種巧克力中嚐出奶油味。你還會嚐出其他更重的味道，例如菸草、木材、堅果和煙燻味，這是因為印尼的一些可可在發酵後會用柴火烘乾。經火燻烤以後豆子很快就乾了，但它們同時也吸收了柴火的味道。

從可可樹到巧克力

巴布亞紐幾內亞／密克羅尼西亞

密克羅尼西亞

巴布亞紐幾內亞

年產量：
44.537 噸

佔世界產量百分比：
0.89%

現有品種：
佛拉斯特羅／特立塔尼歐

優質或風味可可：
巴布亞紐幾內亞 90%

一般收成期：
主要作物：4 月至 7 月
中期作物：10 月至 12 月

常見香味：
水果／木頭／煙燻／可可

巴布亞紐幾內亞（英文通常縮寫作 PNG）種植可可作物的歷史，可追溯至 19 世紀德國人的引進。從 19 世紀末到 20 世紀初，可可生產蓬勃發展，但到了第二次世界大戰，有大約三分之二的種植園被摧毀。二戰後，可可的需求增加，這個地區再度大幅投入可可生產，多達一半的產量來自布干維爾島（Bougainville）。當 1989 年至 1997 年間內戰爆發時，這個龐大的產業萎縮了一半以上，但在那之後又強勢反彈。

就口味而言，我們又與黃色水果重逢了，此外還會遇到成熟香蕉的天然甜味。在某些條件下，木頭風味能為可可帶來活力和層次感。此外，這裡的可可豆也會散發煙燻味，因為要靠柴火烘乾發酵的豆子。

從可可樹到巧克力

澳洲／萬那杜／所羅門群島／夏威夷／斐濟／薩摩亞／東加

年產量：
7.369 噸

佔世界產量百分比：
0.15%

現有品種：
克里奧羅／佛拉斯特羅／特立尼塔歐

優質或風味可可百分比：
暫缺

一般收成期：
主要作物：4 月至 7 月
中期作物：10 月至 12 月

常見香味：
焦糖／木頭／煙燻／可可／水果

直到最近我才知道，原來澳洲也種植可可。澳洲確實種植可可，主要是在北部的昆士蘭省。我們在全球市場上找不到太多這種可可的原因在於，從財務狀況和生活水準的角度來看西非國家不比澳洲，後者與我們更加相似。也因為如此，在那裡種植和加工可可是非常昂貴的。目前，我比較熟悉的是戴恩樹莊園（Daintree Estates）的可可，這個組織試圖鼓勵昆士蘭幾個地方的農民種植可可。這裡的可可主要在本國加工成巧克力。

在香氣方面，我主要想到的是來自愛思（Aelan）巧克力，在萬那杜的傳統語言比斯拉馬語（Bislama）中即為「島嶼」之意。這裡我主要嗜出很多焦糖類的口味；有許多糖蜜、乾果和焦糖的味道，而櫻桃的水果口感也不時愜意地點綴主要口味，有時也夾雜黃色水果味，比如芒果。煙燻味在這裡並非主角，但你偶爾還是會嗜到。

意識與責任

BEWUSTWORDING EN VERANTWOORDELIJKHEID

意識與責任

要寫這本書，就不能不談到永續發展。但什麼是永續發展，永續發展又是對誰有意義呢？同一個詞彙，對農民和對巧克力製造商而言意義卻是不一樣的。對農民來說，這代表可可能賣更高的價格，也能養家糊口，如果有多餘的錢或許還可以拿去投資。可可和巧克力產業必須留意未來的發展，因為十年之後，究竟還有沒有足夠的可可來滿足日益成長的巧克力消費需求呢？如果我們繼續這樣成長下去，可可產量是無法滿足的。永續發展與兩者都有關係，因為唯有讓農民獲得更好的收入，巧克力才有未來。身為巧克力愛好者，你在這當中其實扮演了非常重要的角色。

每年總會有一兩次謠傳說可可快要賣光了 —— 通常這種消息會在情人節或復活節前夕放出，明確用意是嚇唬消費者，使他們趁早購買更多巧克力。然而，實際上可可根本沒有短缺，而是猶有餘裕。為了解釋這一點，我們必須回到過去，同時對地理進行深入探索。絕大多數可可來自西非，特別是象牙海岸和迦納，這兩個國家一同佔據世界可可總產量的 60%。超市販售你最喜歡的巧克力條，很可能就含有來自象牙海岸或迦納的可可。多年來，每個人都認為世界上的巧克力消費量會急劇上升，特別是新興經濟體中國和印度的人口也開始購買更多巧克力。當可可價格居高不下時，那些生產國更是傾全國之力生產更多的可可。

不幸的是，當巧克力消費量的成長不如預期時，可可產量和巧克力消費量便開始嚴重失衡。而其他因素，例如象牙海岸的政治動盪、期貨市場的投機和不斷變化的天氣條件，也造成一定程度的影響。結果便是大量可可過剩，進而導致 2016 年價格大幅下跌。沒有人事先預測到生產和消費完全不成比例，之後也沒有人立刻進行干預。更要命的是財務方面的重擊：農民的收入在幾個月內下降了四分之一以上。目前，可可價格再度緩慢上漲，過剩的問題也正逐步消除。那段時期可說是可可歷史上的黑暗期，突顯了可可過度依賴這兩個非洲國家的一舉一動，也讓我們發現，價格波動會影響到全球數百萬依賴可可維生的農民。

與低價息息相關的另一個問題是可可種植者的高齡化。在西非，大多數農民年齡超過 50 歲，這個數字已經很接近當地的平均壽命 —— 男性為 62 歲，女性為 66 歲，而當地人口最多的年齡層則是 25 歲以下的族群。農村很少有支薪的工作，艱苦的農活對年輕人沒有吸引力，這就是為什麼許多年輕人搬到大城市的原因。在南美洲和亞洲的可可生產國，你也會看到這類情況。

總的來說，可可生產國的人民幾乎都不吃巧克力，除了巴西和墨西哥以外。然而，選擇種植可可對許多農民來說是再自然不過了，儘管它面臨各種難題。尤其是在迦納，當地農民為自己的可可感到自豪，雖然他們自己

不吃巧克力，因為實在太貴了。可可在該國的經濟、政治和文化中扮演非常重要的角色。這些農民知道，不管怎樣一定會有人買可可豆，所以他們就繼續種植下去。但是，這樣他們又該如何脫貧呢？他們這麼做的原因是，幾乎所有農民都有一小塊土地、上頭種植幾種不同的農作物，例如香蕉或木薯，這土地往往還不是他們自己的，而是承租的。

儘管我們經常談到可可種植園，但你千萬不能把它想成大型農場。大型農場裡的可可以工業化的方式量產，但大型農場很少見，幾乎只會在巴西和厄瓜多出現。大多數農民擁有 1 或 2 公頃的土地，每年生產的可可約 300 公斤。你可以自己算算看，以目前每公斤 2.20 歐元的價格來看，每年為每公頃的收入是 660 歐元。而且他們還不會拿到全額、只會拿到大約一半左右，也就是每年 330 歐元。透過中介商出售可可的農民拿到的甚至更少，而這樣的農民正是目前為止最大的可可種植群體。大多數農民沒有加入合作社，又居住在偏遠地區。他們也沒有運輸可可的方式。研究表明，象牙海岸的可可農每天只賺到 0.68 歐元，遠低於世界銀行制定的 1.60 歐元貧困線門檻。這個數字與他們所需要數字相比，也僅是杯水車薪。負擔得起的農民，將收入的很大一部分花在昂貴的（進口）農藥上；這是重要的投資，因為蟲害和疾病會讓他們損失超過四分之一的收穫。

童工也是我們不能略過不談的主題。越來越多的孩子從事可可生產——追根究柢，原因又是貧窮所造成的。研究顯示，這往往是家庭背景使然：孩子想要努力幫助父母或祖父母，而僱用工人又過於昂貴，於是兒童成了有利的選擇。也有一些人假借其他名義欺騙或走私兒童，然後強制安排他們到可可田工作，這在政治和經濟較不穩定的地區更常發生，如西非的馬利或布吉納法索。重要的是，我們必須知道，童工並不是可可產業普遍的問題、也不是非洲許多國家獨有的問題，但它確實是貧窮所帶來的後果。這個問題和基礎設施的缺乏以及文化差異也有關係。此外，我們也必須認清，西方世界對童工的定義與可可生產國的認知並不相同。

除了童工，森林砍伐的議題在永續發展的討論中也越來越常出現。近年來生產的可可實在太多，這為大自然帶來負面影響。可可就是我們所謂的火耕作物，因為農民必須砍伐森林才能在土地上面種植可可。雖然我們無法確定可可與森林砍伐之間的確切關係，但我們確定的是，象牙海岸在 1960 年至 2010 年間，就有 1,400 萬公頃的熱帶雨林消失；而就在大約在同一時間，象牙海岸生產了數量非常龐大的可可。

幸好，可可生產鏈越來越受到重視，其中一個正面的結果是可可農的重要性與日俱增。國際公平貿易標章（Fairtrade）、雨林聯盟認證（Rainforest Alliance）和 UTZ 認證（後

兩者最近合併）等標章帶來了很多好處，但也招致許多批評。這些標章雖然帶來各種投資、立意良善，但依舊未能解決貧困、童工和森林砍伐衍生出來的種種問題。因此，越來越多的公司企業推出自己的永續發展計劃。這樣一來，認證標章能產生影響力，但它不會是唯一的解決方案。百樂嘉麗寶的可可地平線基金會（Cocoa Horizons）就是一個例子，這個基金會投資在可可農的養成，同時促進多樣性並打擊童工問題。雖然簡單的解決方案並不存在，但我們還是可以看到，政府、農民合作社、可可產業和非政府組織之間正在不斷加強全面的合作。人們也漸漸發現，需要更密切的合作才能共同解決整個產業的問題。

還有另一個變化也是顯而易見的：越來越多的人選擇由「從可可豆到巧克力」的製造商生產的優質巧克力。這些巧克力製造商是業界的小型競爭者，但他們直接購買豆子，或透過專門從事此業務的貿易商購買，然後直接從豆子開始製作巧克力。因為跳過了整個產業鏈當中的許多環節，所以價值分配的結構也變了；農民能拿到更多的錢。此外，也有更多錢可以投入研究，像是其他形式的物流，比如說從多明尼加共和國運輸可可豆的 Tres Hombres 帆船公司。由於這些「從可可豆到巧克力」的製造商付出了更高的價格，這也激勵了農民生產更高品質的可可。當然，用這種豆子製成的高級巧克力標價自然也非比尋常 —— 但請放心，因為只要 3.5 到 8 歐元之間左右的價格，你就可以找到不僅味道更好、而且還更注重農民權益和環境保護的優質巧克力。

「要讓世界變好，就從自己做起」，你是否還記得這句話呢？身為巧克力愛好者，你能對可可產業的未來產生重大影響，但前提是你得拿出行動。我並不是要你馬上來個 180 度大轉變，這我自己也做不到；但是經過深入探索可可的起源以及你手中的巧克力條製造商，我們已經脫胎換骨了。我會說：「享受更多，追求更好！」

賞味

TASTING

賞味

在巧克力的世界中，這無疑是許多人最喜歡的部分。我們可以討論歷史和起源、縱情探討各種理論，但品嚐當然是最棒的。同時，我也必須立即指出，品嚐是非常困難的。我敢說，品嚐可可和巧克力可能是最困難的事情。當然，世上的侍酒師也應該得到一份尊重，咖啡宅也應該得到一個舞台，但天哪，要從這種「上帝的食物」中嚐出真正的香氣，還真是不容易。

就讓我們從人類如何品嚐開始吧，我們先來快速帶過「六種感官」理論。你可能會納悶，六種？沒錯！我不是在說笑，至少喝完兩瓶酒之後我們會有第六種感官。我們都知我們擁有的五種感官：嗅覺、味覺、觸覺、聽覺和視覺，這些是我們人類大致都能接受的基本感官。還有其他各種理論指出我們有八、九種感官。然而，我在這裡要探討的理論是味覺體驗：當我們品嚐巧克力時，我們是如何體驗的？我所描述的第六種感官，就是我們的大腦，因為大腦中的皮質也是最有主宰力的感官。雖然我們總認為自己能完全控制大腦裡的想法，但實際上我們的大腦可是比我們快多了：我們往往在不知不覺中得出某個結論。這種情況也被稱為「心智操控」（Mindfuck），雖然這個詞常常帶有陰險或負面的意涵，但在美食界中，我們會用這個詞表示某些東西更加美麗和可口。

當我們要品嚐巧克力時，這可能會造成阻礙。你太早對巧克力下定論，但實際情況可能比你預想得更好或更差。這點甚至當你看到包裝就已經發生了。我們都知道，不能光憑外表妄下論斷，但私底下大家還是照做不誤，只是每個人做的程度不同罷了。但就算巧克力用舊報紙包起來，重要的還是實際的香氣。同理，事先得知的資訊也會造成影響。如果我事先告訴你，巧克力有紅漿果和檀香木的味道，你很有可能只顧著把這些香味挑出來、反而沒用多少功夫自行探索。不過，我也有可能完全錯了。

我有時會在課堂上實際測試：先把這個知識當成笑話告訴大家，然後在我解釋可可和巧克力的時候，我再告訴大家，講解完畢以後將有五種不同的黑巧克力供大家品嚐。我特別重申，我們要品嚐五種不同的黑巧克力。注意喔：五種不同的黑巧克力！品嚐後，我們對這些巧克力進行評量，每次我都發現有超過 75% 的參與者注意到五種巧克力之間的差異……但我給的其實是五塊相同的巧克力。第六種感官指派任務給嗅覺和味覺，讓它們去品嚐差異，而且任務圓滿成功。這聽起來可能有點假，但這是展示第六種感官影響力的完美方式。

你可能會說，希迪啊，這故事真棒，簡潔有力，但這故事到底有什麼意義呢？重要的是，當你品嚐巧克力時，不要讓自己事先受到其他人的影響。不要讓任何人告訴你該嚐出什麼東西，而且要完全敞開自己、進入它的世界。盡量讓第六種感官保持中性，盡

賞味

可能盲目品嚐巧克力，還要真的閉上眼睛、保持專注。不要事先閱讀包裝，盡可能少知道相關資訊，讓你的其他感官成為第一手來源，之後再去閱讀包裝。

我們要克服的第二個障礙與巧克力的成分有關。葡萄酒是一種水基酒精液體，而巧克力主要則是乾物質和固態油脂的混合物。因為葡萄酒中的分子比較活躍，而酒精又使飲料非常容易揮發，所以我們很容易察覺到香氣，也就是說香氣很容易傳遞到我們的感官中。至於巧克力（當然還有可可）方面，這個過程需要更長的時間，而且香氣其實隱蔽得多，它們被困在油脂和乾燥的物質中。油脂的可溶性對於巧克力來說非常重要，實際上也是巧克力成功背後的一大秘訣。可可脂遇到體溫便會融化，帶來令人愉悅的口感，這也是品嚐時必須注重的一個要素。這就是為什麼巧克力剛從冰箱拿出來的時候你不應該立刻品嚐——巧克力是可以放冰箱的，放冰箱對巧克力有害只是道聽塗說，畢竟只要防潮良好就可以了。只是如果包裝不當，巧克力會變白，味道會變差。在開始品嚐之前讓巧克力達到一定溫度是很重要的。最後，巧克力比葡萄酒更難品嚐，因為它可以包含更多的風味元素，有一些研究甚至指出多達四倍。

現在聽起來品嚐巧克力似乎是一項艱鉅的工作，實際上當然不是這麼回事。但是，只要你對影響因素了解更多，就會變成一個越來越厲害的巧克力賞味家，而且這個角色也會越來越有趣。現在讓我們準備來品嚐吧。就像前面提過的，你不閱讀包裝——最好根本不要看到任何包裝，也別讓巧克力形狀有辦法辨認。有些巧克力製造商會把巧克力的形狀弄得非常漂亮，這當然很棒，但它自然也會影響你的鑑賞。

檢查然後折斷

首先你必須仔細檢查巧克力。它會發光嗎，綻放出什麼樣的光澤？你能看到巧克力結晶狀態良好嗎？還有：巧克力是什麼顏色的？巧克力屬於哪一類，是牛奶還是黑巧克力？它是深黑色還是棕色？顏色是估計烘焙程度的參考依據，顏色越深表示烘焙程度越高。接著你可以折斷巧克力。如果巧克力結晶狀態良好，你會聽到它發出清脆的「咔啦」聲。調溫不良的巧克力味道較差是不正確的，只要巧克力狀態良好，你會很容易就嗅出香氣。同樣的，如果出現油霜（油脂從巧克力滲出）和糖霜（巧克力吸收了濕氣）就表示巧克力的組成不均勻，味道和口感會受到很大影響。

聞嗅

當你折斷巧克力時，你會聞到它的氣味。巧克力很硬，它不會釋放出大量的氣味，但你還是可以從中聞出一些東西。我自己會用手指摩擦巧克力，使其稍微融化，這樣會解除巧克力的封閉狀態、也會釋放出更多香氣。通常最先出現的氣味是可可味和酸味，以及

香草和煙燻味等較重的氣味，接著才會出現花卉、木頭味和堅果味。評估氣味以後，你基本上已經能大概知道巧克力的純度、烘焙程度和果味含量。這是一個粗略的估計，但也是最初的評估。

賞味和感覺

然後你可以折斷一小塊放入口中。咀嚼巧克力，讓它在你的嘴裡滾軋。你嘴裡的熱量會融化巧克力。將巧克力含在嘴裡至少幾分鐘，最好是五分鐘左右。這時，你最有辦法判斷的就是口感。巧克力融化的速度有多快？質地是粗糙還是非常精細？平均來說，一塊巧克力的細度為 40 微米，也就是 0.04 毫米；這個細度會讓你的口中感覺不到顆粒。巧克力在你的嘴裡是開始分離、結塊，還是維持平滑？巧克力分離時會在你的舌頭上形成一層油脂膜蓋住你的味蕾，讓你的味覺變差。當巧克力在你的嘴裡滾軋時，盡量用鼻子呼吸。氣味比口味更重要，畢竟你的味覺可是大幅依賴你的嗅覺，而你的嗅覺會輔助你所嚐的東西。如果讓你嚐嚐檸檬、香橙和金桔這三種柑橘類水果，你的味覺都會感受到酸味，但你假如感受到細微的差異、比方說香橙比檸檬更芳香，那就是嗅覺的功勞。還有一個更簡單的例子，那就是重感冒時你的味覺會大幅下降……味覺其實是一種微弱的感覺，極需嗅覺的輔助。

你繼續用鼻子深呼吸幾口氣，就能讓嗅覺獲得空間完成任務。這時你要趕快將你注意到的、聞到的和嚐到的東西寫下來，不用太詩情畫意，也不要字斟句酌，只要寫下你感受到的東西就可以了。你是否突然想起你曾經吃過的泡泡口香糖，或者你感覺自己聞到了菸草味：通通寫下來！這是你的參考框架，而你可能快要接近真相了。我曾經在品嚐巧克力時加了一塊舊巧克力來測試，那時其中一個參與者很勉強地表示自己聞到了乾草的味道。其實那是開封過久的巧克力變質所產生的臭味，所以他是對的，只是他差點不敢說出來。最重的口味與氣味是一致的；可可和酸味水果的味道很快就會出現，之後才是次要口味。盡量嚐出越多口味越好，同時試著寫出細微差別。比如說，可能有某種口味讓你想到紅色水果，但你可以進一步判斷究竟是偏向草莓、紅醋栗還是覆盆子。

作筆記

為了讓賞味過程更清楚明瞭，我作了一個表格供你使用（參見第 61 頁）。你可以在這份表格上寫下你的觀察，方便之後再回顧。表格上有三個「風味輪」：主要風味、次要風味和口感。前兩個圓輪自不待言，不過口感有時候會比較難判斷。而巧克力嚐起來是滑順還是粗糙，倒是容易判斷，一般也比較少出現意見分歧。有時候，賞味的關鍵在於尋找留在嘴裡的餘味和澀味。最重要的是，忠於自己的感受，然後把它們一一寫下。根據你對各項類別的強度判斷加以著色，巧克力的整體概況就能一目了然。

賞味

中和

在品嚐完某種巧克力之後，你可能還想品嚐其他的巧克力。在品嚐期間喝點東西總是不錯的，而沒有添加味道的清水或氣泡水更是賞味必須的。不過，由於巧克力含有油脂，單靠水並不能幫助中和你的口腔，因此我建議你準備一些白麵包，或是原味的吐司或餅乾。我喜歡自製一種少糖的手指餅乾來中和，乾燥的餅乾能帶走剩餘的巧克力並清潔口腔。

重複

關於品嚐巧克力的順序，每個人的看法都不盡相同。我個人贊成由輕口味往重口味品嚐，然後再遞減口味。一般來說，口味最輕的是可可百分比最低的巧克力，這樣你就能品嚐兩次輕口味的巧克力。由於本章前面我或多或少禁止你看包裝，所以你得請別人準備巧克力，否則你別無選擇，還是會不小心瞄到幾眼。如果你想完全解構一塊巧克力，最好的做法是在一天當中的不同時段進行，像是早上、下午和晚上──只是我怕你晚上會突然驚醒，然後就睡不著了。最重要的是，你的嘴裡不能有其他味道。所以在你剛刷完牙後品嚐巧克力，並不是一個好主意。在你對巧克力進行全面評估後，拿起包裝，看看你還能從中得到什麼收穫。

將你在網路上找到的其他賞味筆記與自己的筆記進行比較也很有趣，你可以看看別人的觀察跟你有什麼不一樣。不過，你也要定期瀏覽自己的筆記，這樣可以訓練你的記憶力。重點還是一樣，要多多品嚐巧克力──這當然不是一種懲罰，對吧？

賞味表格：

如果你想自己開始嘗試，請從我的網站下載表格：www.grindbyhidde.com。旁邊是我已經填好的的表格，給你當作一個參考例子。

名字：

原產國：

製造商：

可可品種：

顏色：

氣味：

評價：

第一個輪盤標籤（順時針）：可可、香草、烘焙、甜味、礦味、苦味、鹹味、鮮味

第二個輪盤標籤（順時針）：棕色水果、太妃糖、香料、草藥、花朵、菌菇、土壤、木頭、煙燻、黃色水果、紅色水果

第三個輪盤標籤（順時針）：溫度、口味持續時間、黏稠度、融化度、顆粒感、細度、硬度、柔軟度

調溫

TEMPEREREN

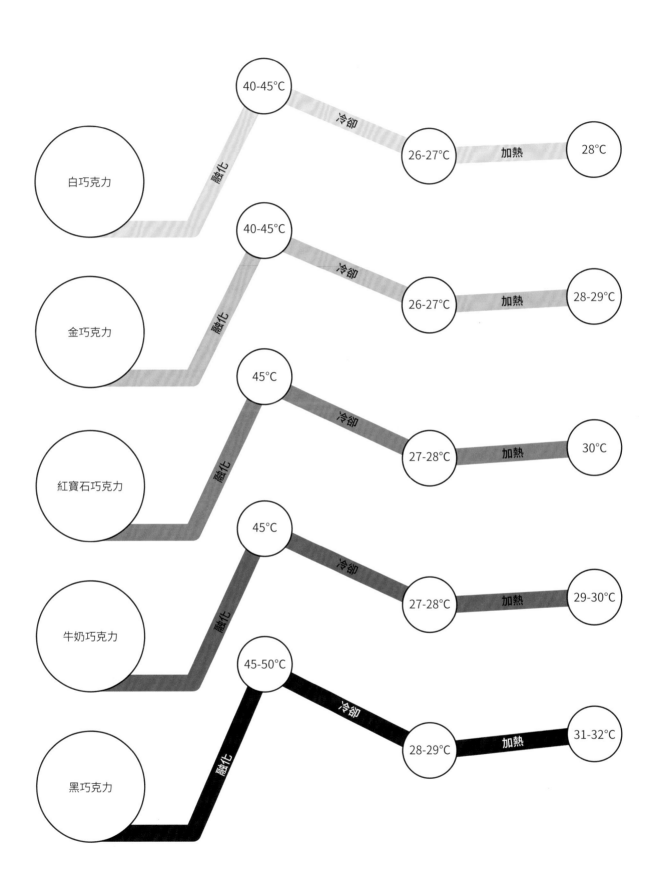

調溫

所謂的調溫，其實就是將巧克力帶入正確狀態的必要技術。我個人不太喜歡「調溫」（tempereren）這個詞，因為它強調了巧克力的溫度，所以我比較喜歡使用「結晶」（kristalliseren）一詞，因為在調理巧克力時，你必須確保巧克力內部能產生穩定的晶體。這些晶體攸關巧克力之後是否能再加工，以及最終成品是否良好。晶體穩定的巧克力堅韌、帶有美麗的光澤，而且可以脆裂開來，還有收縮能力。而收縮能力越佳，將巧克力從模具或其他表面取下就越容易。而結晶良好的巧克力，味道也更好。巧克力狀況越好，看起來就更漂亮、勻稱，碰到身體溫度也就更容易融化，所以當你吃下一塊脂肪分佈勻稱的巧克力，味蕾就不會黏有脂肪。

在巧克力的脂肪——也就是巧克力或可可脂的脂肪裡，包含六種類型的晶體，它們擁有六種不同的熔化溫度。低於表中所示的溫度，會形成特定類型的晶體。如果巧克力的溫度升高，晶體就會分解。這個道理就跟水在攝氏零度以下會結冰很像。

第一類
Beta Prime 2
晶體達到攝氏 17.3 度以上就會融化
巧克力很軟，融化速度快。

第二類
Alpha
晶體達到攝氏 23.3 度就會融化
巧克力很軟，融化速度快。

第三類
混晶
晶體達到攝氏 25.5 度就會融化
巧克力很堅固、但不硬，融化速度快。

第四類
Beta Prime 1
晶體達到攝氏 27.3 度就會融化
巧克力很硬，具有優秀的脆裂性，
但融化速度快。

第五類
Beta 2
晶體達到攝氏 33.8 度就會融化
巧克力具有優秀的脆裂性和收縮力，
光澤亮麗。

第六類
Beta 1
晶體達到攝氏 36.3 度就會融化
巧克力堅實且容易脆裂，會在口中慢慢融化，
可能出現微小的霜斑。

前面提到，將巧克力帶入正確狀態的訣竅是製造穩定的晶體。前四類晶體並不穩定，因此你必須靠溫度解決不穩定的問題。第六類晶體是由第五類晶體演變出來的，大約耗時四個月，而且只會發生在巧克力固化之後──實際操作上會造成不便，所以我們把重點放在第五類晶體上。在接下來幾頁，我會介紹幾種達成結晶的技術。這些技術背後的理論知識很簡單，但執行時必須很仔細。採用鋪桌調溫法（參見第67頁）和混加調溫法（參見第68頁）時，巧克力會先部分或完全進入無晶體階段，這與真空低溫烹調法（參見第69頁）帶來的結晶恰好相反。無晶體階段的溫度在攝氏40到50度之間。如果巧克力低於這個溫度，則可以根據前面提到的流程進行結晶。通常，巧克力越純，開始融化的溫度就會越高。但不管何種巧克力，攝氏45度以上都會完全融化，從這個溫度開始巧克力裡便不再有晶體。

接著你就要開始冷卻、回到結晶階段了。原則就如同前面的溫度變化圖，巧克力越純，結晶溫度就越高。這與巧克力的組成有關。只要冷卻到正確的晶體溫度，你就可以獲得穩定的第五類晶體。然後，巧克力的溫度會開始接近固化的邊緣。你也許可以用它來做

幾塊披覆夾心巧克力，但之後巧克力很快就會變得太硬。這是因為你所在的環境溫度都比巧克力低，巧克力的溫度會持續下降。所以，此時你就應該將巧克力加熱至可操作的溫度。你或可用溫度偷偷將第四類晶體「消滅」，這樣巧克力會變得比較容易處理。除了手工結晶以外，還可以利用連續調溫設備進行機器結晶，這是專業人士的好幫手。在這台機器中，融化和冷卻會以一種流動的方式不斷進行，熱巧克力被抽起，冷卻以後再從一種水龍頭似的裝置流出。

精心結晶以後的巧克力，同樣也需要好好保護。因為巧克力的溫度雖已下降，但它還是需要排出一些熱量，平均而言會從攝氏30度降至18度。這個冷卻過程不應太快──所以請不要用冰箱或冷凍庫，但也不能太慢。如果冷卻過慢，會形成不穩定的晶體，巧克力會變質。簡而言之，必須以適當的方式將餘溫從巧克力之中去除。巧克力就像我們的人體一樣：我們在溫暖的空間裡待了太久會出汗，巧克力當然也會出汗，只是巧克力的「汗」是由微小的脂肪滴組成的。巧克力一旦冷卻下來，這些脂肪滴就會在巧克力上留下灰白色的一片薄霧。我們也稱它為油霜。

如果巧克力冷卻過快，或是保存巧克力的地方過冷，巧克力上會形成一道濕氣。這會溶解現有的糖分，並在巧克力上留下薄薄一層白色痕跡；而如果你看到夾心巧克力上面出現類似的白色痕跡，那是因為裡頭的餡料過於潮濕。這兩種缺陷我們稱為糖霜。出現白色薄層的第三個原因則是摩擦，在大多數情法順利滲透進你的舌頭。巧克力本身也不和諧。巧克力如果出現油霜，合理的做法是讓它恢復到無晶體狀態然後重新開始；要對巧克力夾心這麼做會很困難，但如果是巧克力條的話，按部就班從頭開始就可以了。如果出現的是糖霜，那麼你只能把它丟垃圾桶了；要不然你就必須無視外觀的缺陷。

我常聽到坊間流傳的各種其他技巧。

我只能說，有些技巧很有道理，

也有一些……可能太冒險了一點。

但是，如果某個技巧對你有用，

那就盡管去用吧！

況下，巧克力在包裝中會互相摩擦，這會造成損壞。這裡我們可以總結一個小知識：巧克力不會因冷凝的濕氣或摩擦而變質，只有狀態不佳的情況才會。狀態不佳的巧克力，外觀不會太好看，味覺體驗也不會是最佳的。因為在大多數情況下，你的味蕾會先接觸到脂肪，就像品嚐結晶欠佳的巧克力一樣，你的味蕾會被封住，美妙的味道因而無除了前面提到的結晶技巧，以及我在之後幾頁的講解之外，我還常常聽到坊間流傳的的各種其他技巧。我只能說，有些技巧很有道理，也有一些……可能太冒險了一點。但是，如果某個技巧對你有用，那就盡管去用吧！只要你最終得到美麗的、發出清脆咔啦聲的、閃閃發亮的巧克力就可以了。

製備技術

鋪桌調溫法

顧名思義，這個詞基本上就說明了一切。這個詞彙源自法文的 table，意思是「桌子」，也就是將巧克力薄薄地鋪在「桌子」上來調溫——或是用另一種方式說，達到結晶。這種桌檯的材質通常是花崗岩或大理石等天然石材，因為它們表面光滑、而且能快速冷卻。

1. 將巧克力準備好（如果需要的話可以稱重）。

2. 當巧克力來到攝氏 40 度以上（最高攝氏 50 度）、且全部融化後，將三分之二的巧克力鋪平，然後讓溫度降回攝氏 27 度。

3. 將重新冷卻的巧克力和熱巧克力混合，同時檢查溫度。如果還是太熱，那就繼續冷卻。

4. 當巧克力達到所需溫度並產生結晶後，即可進行進一步加工。

製備技術

混加調溫法

在混加調溫法中，我們會加入已經結晶的巧克力。這個調溫名稱源自法文的 enter，意思是「加入」。較冷的巧克力能讓整個混合物溫度降低，因而達到所需的溫度。因此，你可以考慮將結晶的巧克力切得更細碎，使其更容易融化。

1. 將巧克力準備好（如果需要的話可以稱重）。

2. 約三分之二的巧克力加熱至攝氏 40 度以上融化、最高攝氏 50 度，並將其餘的巧克力切碎。

3. 將剩餘的巧克力與融化的巧克力混合。當整個混合物融化後，就檢查溫度。

4. 當巧克力達到所需溫度（參見第 63 頁的圖表）並產生結晶後，就可以進行進一步加工。

製備技術

真空低溫烹調法

在這項技術中，巧克力會在真空中融化 —— 這麼做的好處是不會分解晶體，因此也就不必再進行結晶。保持穩定的水溫很重要。這就是我使用真空低溫烹調法的原因。

1. 將巧克力準備好（如果需要的話可以稱重）。

2. 將水加熱到一定溫度（參見第 63 頁的圖表），然後將巧克力抽至真空狀態，並放入水中。

3. 巧克力在所需溫度下融化。

4. 待巧克力融化後，即可進一步加工。

加工

VERWERKING

加工巧克力的方式可說是無窮無盡。在接下來的章節中，我會盡量蒐羅關於加工巧克力的知識。在這一章中，我要討論的可能是巧克力最浪漫的部分，那就是巧克力的外殼。比如說夾心巧克力餡料周圍脆口又美麗的巧克力外皮。不過這層外殼背後的原因可能沒那麼浪漫，因為它的主要作用是讓你以合宜的方式將內餡（例如糖果）放入嘴裡。你

許多種類的夾心巧克力都含有流質餡料，像是流動的果凍，或是經典櫻桃夾心巧克力裡面的甜酒。你不太有辦法單獨吃掉這些餡料，而在製備時也不可能完全不把它們封裝起來。這就是為什麼我們要在餡料周圍或外部製作緊實的巧克力外殼，或稱為外裝。有許多辦法可以做到這一點，我將在以下幾頁解釋這些技術。最重要的是，你必須體認識

當你買夾心巧克力或松露巧克力時，你主要是為了品嚐內部的餡料（優雅的說法是「內裝」）。

可以把巧克力外殼比喻為幫助你享用美味雞肉的印度鹹煎餅皮，或是能將炸豆丸搭上配菜、淋上醬汁的饢烤餅。

當你買夾心巧克力或松露巧克力時，你主要是為了品嚐內部的餡料（優雅的說法是「內裝」）。我們談到巧克力時，去買一條巧克力慢慢品嚐就得了；但談到夾心巧克力，你會想在第一口就體驗到爆炸性的口感，這是由各種材料組成的餡料所造就的成果。

到巧克力的外殼最主要的功能其實是包裹餡料，因此必須非常薄！此外，餡料周圍如果有巧克力外殼，保存期也會延長。

你可以裝飾這層必要的巧克力外裝，讓夾心巧克力更加美麗。在巧克力店，我們常常用可可脂來製作裝飾。這種取自巧克力的脂肪呈白色，因此你只消加點色素就能讓它更漂亮。我們可以用噴槍、畫筆甚至牙刷裝飾巧克力的外殼，讓已經很精緻的餡料更加誘人。不過，讓我們先來看看基本知識吧！

製備技術

成型

顧名思義，「成型」就是將巧克力製作成型的技術。你可以使用聚碳酸酯（簡稱 PC）模具製作精美的夾心巧克力。至於裝飾的形狀，你可以使用畫筆、噴槍或膠帶處理染色的可可脂，事先進行設計。

1. 用棉花或紙擦拭模具，如果模具溫度低於室溫，就稍微加熱。為巧克力進行調溫（參見第 62 頁）。

2. 將巧克力澆入模具中，再把氣泡抖出。

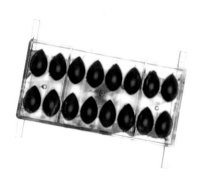 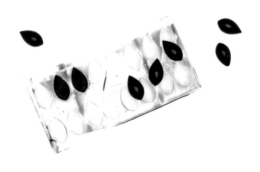

3. 巧克力從模具中敲出，讓模具內剩下一層薄薄的巧克力。然後將模具刮淨，讓巧克力固化。

4. 填裝餡料後，將模製好的夾心巧克力擺在巧克力模具裡，等完全固化後再從模具中取出。

製備技術

披覆

披覆就是將夾心巧克力內部的餡料包起來。我們也稱這種夾心巧克力為披覆夾心巧克力。傳統作法是用浸叉完成的，而現今的巧克力製造商則使用輸送帶進行大規模的披覆夾心巧克力。

1. 將巧克力融化，然後準備好餡料。

2. 在所需的模具中切割或擠壓餡料，然後對巧克力進行調溫（參見第 62 頁）。

3. 餡料在叉子的協助下穿過調溫後的巧克力，然後放在一張烘焙紙上。

4. 固化後，披覆夾心巧克力就可以品嚐或包裝了。

製備技術

浸漬松露巧克力

松露巧克力因為形狀與松露蘑菇相似而得名。雖名為松露巧克力，但實際上就是夾心巧克力，只是形狀不太一樣，因此處理方法不同。當它們在巧克力中浸漬以後，通常會再多浸漬幾層其他裝飾，例如可可粉或切碎的堅果。

1. 將巧克力、餡料以及所需的裝飾層成分準備好。

2. 將巧克力調溫（參見第 62 頁），然後將餡料分成均等份量並滾成球狀。

3. 在特殊叉子的協助下將餡料穿過巧克力，如果需要還可以在裝飾層的配料裡滾動。

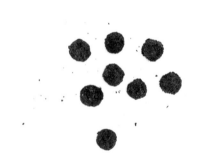

4. 固化後，松露巧克力就可以品嚐或包裝了。

製備技術

澆灌

前幾頁提到的夾心巧克力，餡料大多是藉助叉子裹上一層巧克力；而在這種技術中，餡料上直接澆灌巧克力。由於巧克力仍在滴淌時就慢慢固化，所以你會得到流動的效果，也就是一種完全不同的巧克力展示。

1. 將餡料覆蓋一層巧克力後（通常是有點融化的巧克力）黏在一起。將巧克力調溫（參見第62頁）。

2. 將彼此黏貼的餡料放在窄管上。

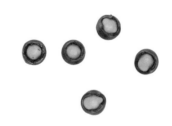

3. 將巧克力倒在餡料上。

4. 固化後，巧克力即可品嚐或包裝。

裝飾

DECORATIES

如果有人問我為什麼對自己的職業充滿熱情，我總是無法用短短幾句給出答案。我總會從烘焙產業的多樣化開始談起——這個職業甚至有可能是最多樣化的職業。我們不僅要處理口味、氣味和顏色，還創造質地，所以我們是設計師，也是發明家。我們結合理論與實踐，將古典與新潮串聯起來。

我很想好好說明我們能在糕點店內製作的無數裝飾品，但這本書的篇幅畢竟有限。我選擇把較多篇幅留給「從可可樹到巧克力」（參見第 16-25 頁）和「賞味」（參見第 55-61 頁）等主題。我真正喜歡的是製作一些簡單的展示品，用它們來強調巧克力的裝飾價值。展示品與糕點產業的消費者需求無關，卻是這個世界上大型專業競賽的重要環

在美食界的各種功能當中，
糕點工藝最被看重的就是它的裝飾價值。

在美食界的各種功能當中，糕點工藝最被看重的就是它的裝飾價值。蛋糕用最漂亮的裝飾品裝飾，甜點也要藉由美麗的設計變得更漂亮，而這些裝飾與設計許多都是由可可和巧克力製成的。雖然在這一行你也會常常看到糖的蹤影，但巧克力的可食用指數還是高出糖許多倍。因此，裝飾品的功能不僅是裝飾，還能為產品的賞味體驗帶來貢獻。

節。在世界盃甜點大賽（Coupe du Monde de la Pâtisserie）和世界巧克力大師賽（World Chocolate Master）期間，總是有很多令人印象深刻的作品，讓我嘆為觀止。這些藝術品的優雅和複雜程度，將糕點提升到前所未有的高度。我的作品與他們相比完全是微不足道的，但也是展示許多技巧的良好途徑。

組裝巧克力

在右頁的展示品上頭，我使用了多種技巧。最大的配件便是脊柱。為了製作脊柱，我使用了生物課堂上會出現的標準模型，然後在用矽膠模具製作了一部分的模型。

你可以購買不同類型的矽膠，然而首先你必須知道哪些橡膠可用於製作食品，又有哪些橡膠不行。就算這件展示品沒有被吃掉，你總會希望能使用適合製作食物的可食用矽膠，以防萬一嘛。此外，你還會發現矽膠柔軟度各有不同，有非常僵硬的，也有彈性很好的。這裡我選擇了相當柔軟的矽膠，這樣我就可以輕鬆地從模型中取出模具。這個選擇主要和脊柱的骨頭節點有關，可以避免斷裂。讓矽膠模具固化 24 小時後，我才取出脊柱然後用結晶巧克力填充空隙。在填充模具之前，我已稍微冷卻模具，這樣巧克力就會很快變硬，因為一旦硬化過程太久，巧克力會變脆，也就不會出現漂亮的裂紋。再過幾個小時，我才可以取下可食用的脊柱；我把它黏在一個飾有巧克力球的底板上。這些巧克力球也出現在展示品的其他地方。

巧克力滴（chocoladedruppels）在攪拌機中被切碎，進而變成可延展的物質，因此我用它來搓成點狀物。然後我把它們放到一邊，讓它們固化。接著我參考亞歷斯‧格列（Alex Grey）的作品，用 3D 列印機印出一隻眼睛，然後將它和尖尖的巧克力卷放在脊柱上端。最後，我再用黑巧克力和可可脂的混合物噴灑整件作品，並在不同的地方鋪上金箔。

雕塑巧克力

巧克力雕塑的製作也有多種不同的方式，其中之一是從零開始塑造──把巧克力當成黏土來揉捏。我製作這塊巧克力黏土的方法，就跟我在前一個展示品中製作脊柱上的尖卷一樣；讓攪拌機把巧克力切碎，直到它變成可揉捏的物質。如果你想製作大型作品，建議你先讓作品中會用到的巧克力塊充分固化。通常，先做出某種基底會比較方便，你可以把巧克力塊堆疊起來，這樣就有了建構作品的基底。

我個人喜歡使用類似雕刻大理石的技術：先從一塊大的巧克力雕刻出一個人物。如果你要製作一大塊巧克力，建議你先將一半重量的巧克力融化並結晶，另一半再添加巧克力滴並不斷攪拌，這樣巧克力就已經半固化了。使用大塊巧克力時，你可能會面臨巧克力冷卻所需時間過長的風險，從而導致晶體不穩定和內部變脆。一旦發生這種情況，當你切斷或切開巧克力塊時，巧克力通常會崩落、粉碎。

製造巧克力雕塑時，我個人偏好使用牛奶巧克力，它比黑巧克力軟一點，也比較容易讓你使用工具。雕塑巧克力比雕塑大理石容易的一點是，如果你不小心切掉太多，還是可以再黏回去。我的雕塑工具是標準的鑿子、小刀和我的雙手。我偏好製作比較粗獷、不帶太多細節的雕像，但這是個人喜好。我在這裡製作的示範作品，取材於一尊古老的阿茲特克雕像。

巧克力拼貼畫

我們都很熟悉拼貼的技法，無論是桌子還是整座牆壁和地板都有它的蹤影。這個技術看似簡單，但實際上需要很多耐心才能做到。製作拼貼畫時，首先要確定要使用的顏色。而通常我們會用瓷磚、玻璃或石頭當作拼貼的材料，這裡我們的材料自然是巧克力。我在這幅示範拼貼畫中，給白巧克力塗上了深灰色和鮮紅色，並在調溫後將其澆灌成厚片。當巧克力快要固化時，我從中隨機切下一小塊；切的時候不必想太多，拼貼的作品自然會好看的。

我在這裡想重新創作班克斯（Banksy）的《氣球女孩》，其中一部分要用拼貼畫的技巧完成。我先在博物館買了一幅海報，把它放在一塊大木板上，蓋上一層透明塑膠膜，接著慢慢用鮮紅色和深棕色的巧克力塊開始拼湊出心形氣球和女孩——這一步考驗你的耐心。我每次都會把一塊巧克力放在一個溫暖的盤子上使之稍微融化，然後再把拼圖塊「黏」到塑膠膜上。這可確保你的作品在移動、添增元素和澆灌時不會偏移。拼貼的部分完成後，我將結晶的白巧克力澆灌在上面，讓它在壓力下固化。鑄造大型板面時，必須用上蓋板，使其在壓力下固化。另外要注意的是，巧克力會收縮，所以巧克力板有可能會呈不同角度翹曲。固化後，我用蓋板轉動拼貼畫；取下海報和塑膠膜後，再用一塊溫暖的濕布擦拭巧克力板，以凸顯細節。

班克斯對這件藝術品的最大影響，就是當拍賣錘落下、確定售出時，原作品竟隨著他內建在畫框中的碎紙機被切成碎片。這個舉動讓這件藝術品的價值翻了一倍，並進一步讓班克斯已經傑出的形象更加昇華。破壞，是一個新的開始，而死亡也是新生的開始；所以，我也忍不住破壞了我自己創作的版本。

巧克力種類

CHOCOLADES

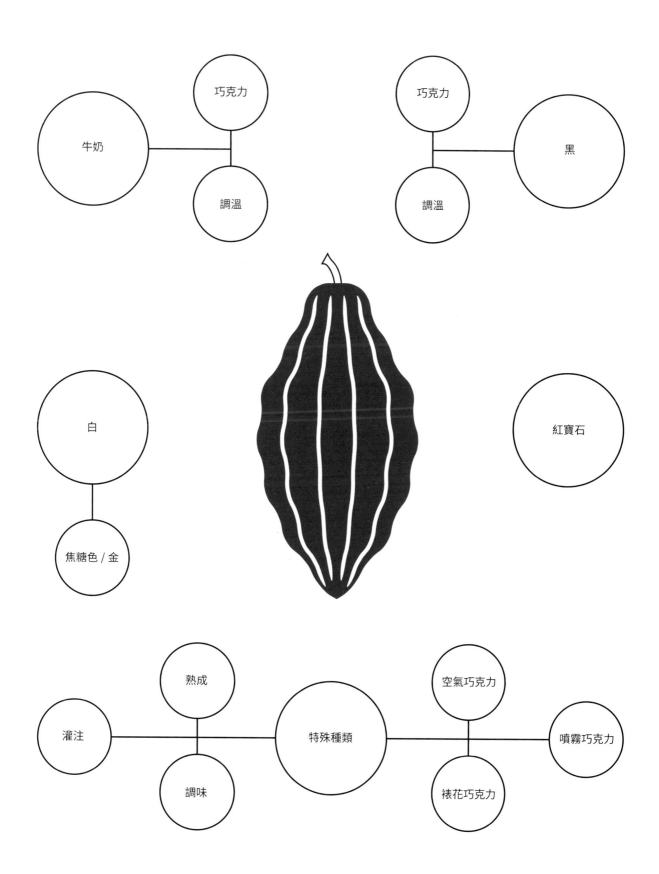

巧克力種類

我總會用五種巧克力來講解巧克力的製作，它們分別是白巧克力、牛奶巧克力、黑巧克力、紅寶石巧克力和金巧克力。我們能以這些巧克力為基礎，製備慕斯、百匯和甘納許等甜點。巧克力越純，就越天然，這一點非常重要，因為它對你的食譜有很大的影響。此外，也有一些材料本身含有大量巧克力，巧克力在其中扮演更重要的角色。一個非常簡單的例子就是噴霧巧克力，一般來說巧克力添加了等量的可可脂，使噴霧巧克力質地更薄。你可以使用這種混合物填充噴槍或是噴霧器，並用來噴塗蛋糕、糕點或展示品。如果你噴所的物體表面很冷，你會得到天鵝絨般的效果，因為巧克力在流動之前就變硬了。如果你噴的東西表面是室溫，巧克力會流動，你會得到光滑的效果。請注意巧克力一定要獲得良好結晶，否則表面會泛白。

我在前面的示意圖中提到的裱花巧克力則正好相反，它不是讓巧克力變薄，而是透過鮮奶油、咖啡奶精或奶油等材料讓巧克力變厚。這使你可以使用帶有出口的裱花袋，將裱花巧克力擠成所需的形狀。我們對這種技術認識，主要來自我們在聖尼可拉斯節（譯者注：荷蘭的傳統節日）時製作字母巧克力的傳統。裱花巧克力當然也必須結晶良好。而在製作展示品時，我們有時會看到另一種增稠巧克力的方法，那就是用可可粉讓巧克力變得更稠——雖然這種巧克力的口味不是很好，但是用來噴灑優雅的枝狀飾品、純作裝飾用途，確實是一個很好的技術。

而空氣巧克力的原理是將空氣以真空方式帶進巧克力，然後留在巧克力中。不過這必須在巧克力仍然柔軟時完成；當巧克力固化後才解除真空狀態，空氣就無法再逸出。這種技術主要體現在酥脆的巧克力條。另外值得一提的還有香水巧克力。不過讓我們再次回到上述五種巧克力，只是這裡我們要來看看它們添加一層額外風味的情況。

巧克力的熟成會定期發生。我們可以把它比作好酒的熟成，這會發展出許多風味。熟成通常會使巧克力的層次更深，也更複雜。此外，添加物或內含物的使用也越來越普遍，比如萃取物、草藥和香料，也可以是乾果和堅果等等。另外我要區分泡製巧克力和調味巧克力。所謂的泡製巧克力，調味料可以與可可脂一起帶入，或是將脂肪部分或其他成分燻製而成。而調味巧克力中則仍存在釋放香氣的成分，比如乾燥的草本植物、花瓣或植物粉末。在這個類別中，你也會看到含有較粗糙配料的巧克力，如蜜餞、堅果和細咖啡豆等。

製備技術

白巧克力

這裡我必須重申（就像其他巧克力專書）：雖然我們稱它白「巧克力」，但它並不是正式的巧克力，因為白巧克力缺少了乾可可（讓可可真正產生味道的元素）。話雖如此，它還是一種迷人的巧克力，可與餡料結合使用，或充當糕點的裝飾品。

1. 稱取 350 克嘉麗寶可可脂、400 克蔗糖和 250 克奶粉。

2. 將可可脂融化，然後將蔗糖和奶粉混合在一起。

3. 將融化的可可脂添加到蔗糖混合物中，然後研磨混合物。

4. 最後，將巧克力調溫（見第 62 頁），就能準備進一步加工了。

製備技術

金巧克力

從製作的技巧來看，金巧克力跟白巧克力是一樣的 —— 兩者最大的區別是添加的糖。金巧克力會添加蔗糖、有時也會添加奶粉中的乳糖，並加以焦糖化。這會帶來不一樣的味覺體驗。

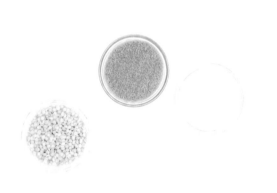

1. 稱取 400 克嘉麗寶可可脂、350 克蔗糖和 250 克奶粉。

2. 將可可脂融化，並將蔗糖焦糖化。

3. 將所有成分混合在一起，然後研磨團塊。

4. 最後將巧克力調溫（見第 62 頁），就能準備進一步加工了。

製備技術

紅寶石巧克力

這種巧克力的確切製作方法至今仍是比利時的一大秘密。我原本預計能在本書付印前揭開謎底，但很可惜我沒能做到，因此有兩個步驟至今仍然從缺。

1. 稱取嘉麗寶可可脂、可可豆、奶粉、蔗糖、檸檬酸、香草和大豆卵磷脂。

2. 待解。

2. 待解。

4. 最後將巧克力調溫（見第 62 頁），就可準備進一步加工了。

製備技術

牛奶巧克力

添加脫脂奶粉和／或全脂奶粉，會讓你的巧克力味覺體驗與你原本習慣的黑巧克力完全不同。畢竟重點不再只是可可，因此巧克力也會得到不同的香氣和不同的口感。你使用的奶粉類型會影響口感。

1. 稱取 400 克可可豆、50 克嘉麗寶可可脂、300 克蔗糖和150 克奶粉。將可可豆烘烤過。

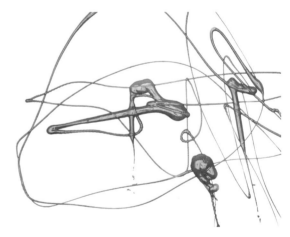

2. 將可可豆去殼，然後融化可可脂。

3. 將可可碎粒（可可豆的核心）搗碎。添加其他成分後，團塊會變得更細緻。

4. 最後，將巧克力調溫（見第 62 頁），就能準備進一步加工了。

製備技術

黑巧克力

黑巧克力其實就是各種巧克力的開山鼻祖，我甚至認為它是我們目前所知最重要的巧克力種類。在這種巧克力中，可可會呈現其最佳的一面，並帶來驚人的味道。你可以藉由調整可可脂的用量來改變質地和香氣。

1. 稱取 700 克可可豆、70 克嘉麗寶可可脂和 230 克蔗糖。將可可豆烘烤過。

2. 將可可豆去殼，並融化可可脂。

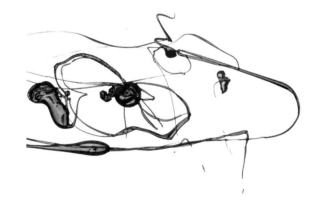

3. 將可可碎粒（可可豆的核心）搗碎。添加其他成分後，團塊會變得更細緻。

4. 最後，將巧克力調溫（見第 62 頁），就能準備進一步加工了。

驅魔巧克力

（內含物，泡製）

香草是糕點與巧克力產業的常客，但很可惜我最喜歡的其中一種香料——鼠尾草，卻是甜點世界中的稀客。然而，鼠尾草其實與巧克力非常相配。它還有另一個優點，那就是驅魔、驅蟲和驅小人。萬一你跟岳父岳母公公婆婆處得不愉快的話，那就……

600 克可可豆
50 克鼠尾草
50 克可可脂（嘉麗寶）
250 克蔗糖
200 克全脂奶粉

將可可豆鋪在烤盤上，在預熱好的烤箱中以攝氏 120 度烘烤約 25 分鐘。

將烤箱溫度調至攝氏 50 度。摘下鼠尾草的葉子，將它們鋪在烤盤上，讓它們乾燥大約 2 小時。同時，將可可豆殼從豆子上掰開，然後稱取剩餘的可可碎粒 500 克。接著融化可可脂，並與蔗糖和奶粉混合。

在多功能切碎機裡使用切片刀研磨可可粒，然後與可可脂混合物攪在一起。使用研缽和杵在 2 到 3 小時內將團塊研磨和精煉（參見第 25 頁），製成光滑的巧克力。

將乾燥的鼠尾草葉放在一個防火的表面上，然後點火燃燒葉片。讓葉子吸收煙霧大約 10 分鐘。

將鼠尾草葉與巧克力混合，然後放入真空袋中真空密封。將巧克力用真空低溫烹調法加熱、浸泡在攝氏 40 度的熱水至少 2 小時；加熱巧克力的時間越長，它就會越美味。

用廚房紙巾清潔巧克力條模具。篩濾巧克力並調溫（參見第 62 頁）。將巧克力填進模具中，然後抖出或敲出所有可能存在的氣泡。讓巧克力在大約攝氏 18 度的溫度中固化。

從模具中取出巧克力條。

紅寶石染色

（內含物，調味）

紅寶石巧克力的味道有一種非常友善的香氣，會讓人聯想到加了漿果的優格。想要讓它增加更多香氣，你可以使用泡製或調味等方式。就顏色和味道而言，它與甜菜十分相配。與紅寶石巧克力有關的食譜裡，確實經常使用甜菜根粉末著色，它的味道會讓你不禁綻放笑容。

100 克未剝皮的生甜菜根
500 克紅寶石巧克力（嘉麗寶，RB1 34%）
金箔

使用刨切器將未去皮的甜菜切成薄片。將它們放在烤盤上，送進已用攝氏 80 度預熱的烤箱中，烘乾約 4 小時。

在多功能切碎機裡使用切片刀研磨乾燥的甜菜片，直到甜菜片變成粉末。融化紅寶石巧克力，加入甜菜根粉末，再用攪拌棒混合甜菜根粉和紅寶石巧克力。

用廚房紙巾清潔巧克力模具，並在模具中撒上一些金箔。以舖桌調溫法將巧克力調溫（參見第 67 頁）。將巧克力填進模具中，然後抖出或敲出所有可能存在的氣泡。讓巧克力在大約攝氏 18 度的溫度中固化。

從模具中取出巧克力。

巧克力

豐饒寶山

（黑巧克力）

巧克力擁有十分悠久的歷史，它從原本苦澀的飲料，轉變成我們今天所知的細緻又滑順的混合物。巧克力的成功很大一部分要歸功於細膩的質地，但是粗糙的巧克力裡也有一些美麗的東西。雖然它強烈刺激我們的味覺，使我們比較不容易察覺細微差異，但你會發現它的香氣有如雲霄飛車，讓你目眩神迷。我用這道食譜的味道和質地，向可可的古文化致敬。好一座充滿香氣的寶山啊！

500 克可可豆
75 克蔗糖
金箔

點燃大綠蛋（Big Green Egg）燒烤爐中的木炭，並使用 convEGGtor 陶瓷板和爐柵，將溫度提高到攝氏 120 度。

把可可豆放進烤盤，然後放在爐柵上。蓋上蓋子，烘烤可可豆約 20 分鐘。之後讓可可豆冷卻。

將可可豆殼從豆子上掰開，將剩餘的可可碎粒稱取 425 克，然後與蔗糖混合。用研缽和杵將可可混合物研磨成濃稠的膏狀物。用廚房紙巾擦拭巧克力模具，並在模具中放置一些金箔。以舖桌調溫法將巧克力調溫（參見第 67 頁）。將巧克力填進模具中，然後抖出或敲出所有可能存在的氣泡。讓巧克力在大約攝氏 18 度的溫度中固化。

從模具中取出巧克力。

牛軋糖和堅果、穀類
與種籽製備技術

NOUGATS EN NOTEN –, GRANEN – EN ZADEN BEREIDINGEN

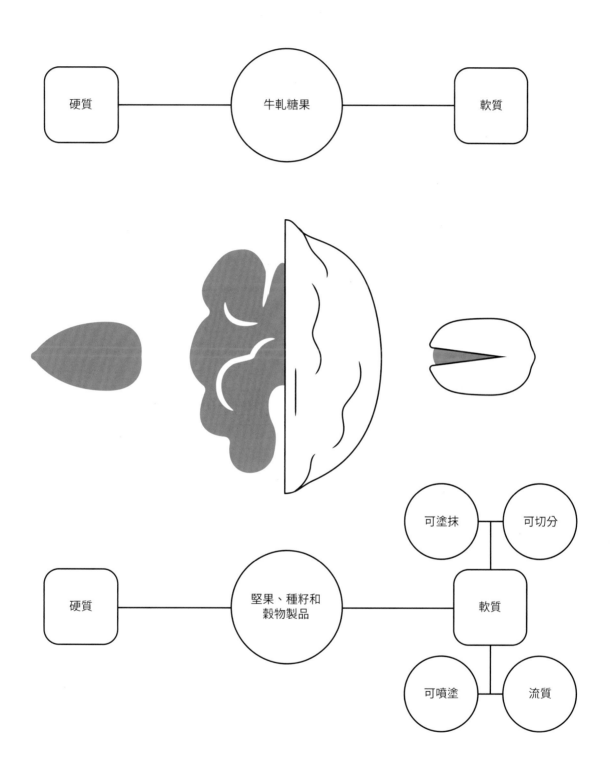

牛軋糖和堅果、穀類與種籽製備技術

這一章涵蓋的範圍相當廣，許多食品的製備技術也在本章涵蓋的範圍。牛軋糖（nougat）是含有堅果的製品，nougat 一詞是法文，據說源自拉丁文的 Nux Gatum，意思是「堅果蛋糕」。而許多牛軋糖種類的發源國，最初確實也使用拉丁文，像是法國、義大利和西班牙。我們聽過西班牙的杜隆糖（turrón），還有義大利的托隆糖（torrone）。但是，阿拉伯國家也有自己的牛軋糖，比如伊朗的嘎茲糖（gaz）。但是這些牛軋糖通通都沒有添加巧克力，就算有的話比例也非常低。某些種類的杜隆糖會用上白巧克力，但用量很少。法國的軟牛軋糖往往摻有大量可可，同時還添加了可可粉或融化的巧克力。此外，世界知名的糖果棒如瑪氏（Mars）和士力架（Snickers），都含有牛奶巧克力製成的牛軋糖，只是這種牛軋糖不含堅果。

如果我們深入研究，確實會遇到無數的相關製品，我想先將它們大略區分成硬質和軟質。硬質牛軋糖最好的例子就是前述那些巧克力棒。內含物的說明已經在「巧克力種類」一章中介紹過（參見第 84-97 頁），但你猜得沒錯，這一章要講的就是高含量的堅果、穀物和／或種籽等巧克力內含物。另外也有一類製品屬於這個類別，那就是將各種堅果、穀類和種籽加工後覆蓋一層巧克力或可可，比如爆米香、烤穀麥和糖衣錠。堅果通常會經由一種很像水泥攪拌機的精緻機器覆上一層巧克力。這種作法也被稱為披覆；如果處理得宜，堅果的外表便能閃閃發光。

至於軟質牛軋糖，我們也能細分許多類型。最常見的是可塗抹的種類，也就是膏狀成品。下面我們會談到幾種製品，其中最有名的就是巧克力醬，特別是已故的費雷洛（Ferrero）先生發明的榛果巧克力醬。這種榛果和可可粉的乳化物已經相當普及，許多家庭的廚房櫃子裡可能都有它的蹤影。可塗抹的牛軋糖中還有一種叫做姜杜雅（gianduja）的類別，在它的製備過程中，堅果會被磨碎、直到出油，然後再混合奶油和巧克力。

除了使用堅果外，你還可以使用種籽糊為基礎來製作精美的餡料。另一種不錯的選擇是混合焦糖和堅果的組合，也被稱為抹醬。這種抹醬裡的糖摻了焦糖，然後再與堅果混合，混合物冷卻後就會變成膏狀物。你可以用多功能切碎機來製作，但糕點店通常會用一種搓揉機、裡面有兩個滾輪將混合物完全磨碎。為了添增更多香氣並產生一定的硬度，你多少可以加一點巧克力進去，這能帶來類似姜杜雅的質地。

製備技術

榛果醬

我想每個人一輩子至少都吃過一次榛果醬——如果不是超市自有品牌，就是費雷洛系列產品，像是罐裝榛果醬、巧克力條等等產品都使用不少榛果。不過，自己做的一定最好吃！

1. 稱取 200 克榛果、50 克可可粉、125 克糖粉、90 克榛果油，如果需要的話還可加入 2 克鹽巴。

2. 烘烤並研磨榛果，直到榛果出油。將可可粉、糖粉和鹽（如有需要）混合在一起。

3. 將可可粉和糖粉的混合物添加到榛果中，之後再將多的榛果油與之混合，形成一個黏稠光滑的整體。

4. 榛果醬可以塗抹在麵包上，或用來製成其他食品。

製備技術

姜杜雅

姜杜雅是很棒的夾心巧克力餡料。它的堅果含量高，味覺效果因而十分驚人。你可以視需要改變堅果和巧克力的用法，但與巧克力結合時，必須注意巧克力的類型得和堅果的含油率保持平衡，因為有些堅果很容易出油。

1. 稱取 300 克杏仁、25 克奶油和 300 克嘉麗寶 823（牛奶巧克力），如有需要可以另外準備堅果油。將杏仁烘烤過。

2. 研磨杏仁直到出油。如果研磨後團塊仍不夠滑順，就加堅果油。

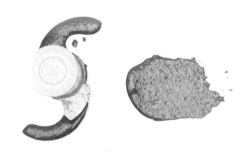

3. 杏仁和奶油混合後，加入巧克力。

4. 當巧克力受熱融化並被完全吸收時，姜杜雅就能準備進一步加工了。

製備技術

綜合零嘴

市場上有無數的混合食品是由堅果和乾果以各種組合相混而成。當然它們都很可口，只是如果你想在其中加入可可和／或巧克力，會讓它變得更好吃。

1. 稱取 200 克可可豆、125 克杏仁、100 克蔓越莓、50 克開心果、100 克嘉麗寶 811（黑巧克力）和 50 克可可粉。

2. 將可可豆和杏仁烘烤後與蔓越莓和開心果混合。將巧克力放進隔水燉鍋中融化。

3. 先把堅果混合物混攪巧克力，再混攪可可粉。

4. 待巧克力固化後，混合零嘴就可以品嚐或包裝了。

牛軋糖和堅果、穀類與種籽製備技術

上帝堅果派

（牛軋糖，軟質）

在我的上一本書 *Patisserie.* 中，我分享過傳統蒙泰利馬牛軋糖（nougat de Montélimar）的配方，只是帶有一點我個人喜歡的煙燻風味。為了更上一層樓，我現在要在裡面加一些巧克力。應該沒有人有意見吧？

700 克杏仁
560 克白糖
145 克葡萄糖漿
100 克水
400 克蜂蜜
150 克蛋白
645 克黑巧克力（嘉麗寶 Satongo，72.2%）
1 塊 A4 紙張大小的夾心酥餅乾

點燃大綠蛋烤中的木炭，將其加熱至攝氏 100 度。將杏仁均勻舖在烤鍋或荷蘭式鑄鐵鍋中。

在燃燒的木炭上撒上舊威士忌酒桶的煙屑 15 克，以及泥炭 20 克。將爐柵放入大綠蛋烤爐中，將烤鍋或荷蘭式鑄鐵鍋放在上面，然後關上大綠蛋烤爐的蓋子。將杏仁煙燻 20 分鐘。

將白糖、葡萄糖漿和水加熱至攝氏 145 度，並將蜂蜜用另一個鍋子加熱至攝氏 130 度。在檯式攪拌機中用打蛋器將蛋白打至蓬鬆。將黑巧克力放進隔水燉鍋中融化。

將攪拌機設定為半速。在攪拌機運轉時先將蜂蜜和糖漿倒入蛋白中攪拌直到牢韌為止，最後再加入融化的巧克力和杏仁。

將塗有植物油或噴有烹飪噴霧油的伸縮餅環放在夾心酥餅乾上，然後把牛軋糖混合物均勻地壓進環中的夾心酥餅乾。讓它硬化至少一天（我知道這很麻煩）然後切分。

芝麻街圓環

（種籽製品，可塗抹）

特其納（Techina）或中東芝麻醬（tahin）是一種由純芝麻製成的膏狀物，通常與鹹味菜餚搭配食用，但這種調味品也非常適合搭配甜食。中東芝麻醬種類繁多、品質不一，我的朋友 Jigal Krant 親自用他的行李箱替我從 TLV（台拉維夫）帶了一罐最好的芝麻醬回來。

500 + 300 克牛奶巧克力（嘉麗寶 Arriba，39%）
75 克中東芝麻醬
10 克檸檬皮
100 克芝麻籽

將 500 克牛奶巧克力調溫（參見第 62 頁）。將巧克力填進半球形模具（直徑 3 公分），然後按照第 72 頁的說明讓巧克力成型。保留剩下的巧克力。

將 300 克牛奶巧克力放進隔水燉鍋中融化，並與中東芝麻醬混合。將巧克力和中東芝麻醬的混合物填進已成型的模具並讓它固化。與此同時，將檸檬皮與芝麻籽混合，放入以攝氏 160 度預熱的烤箱中，烤至外觀呈金黃色為止。之後將它灑在盤子上。

再次將成型後所餘留的巧克力調溫，然後將兩個半球和一些融化的巧克力黏在一起，製成巧克力球。使用雙手為每顆巧克力球塗上一點調溫過的巧克力，然後將它們滾入芝麻籽混合物，裹上芝麻粒。

牛軋糖和堅果、穀類與種籽製備技術

紅寶石鵝蛋

（敷蓋）

參了鹹味成分的甜點雖然很少見，但鹹甜夾雜的口感確實不賴。在這裡，我們要將鴨肝膏的濃稠感與杏仁結合在一起，當然還要加上巧克力。

鵝肝膏：
300 克全脂牛奶
100 克鮮奶油
25 克白糖
40 克蛋黃
4 克明膠
125 克鴨肝
黑胡椒粉
細鹽

甘納許：
3 克明膠
100 ＋ 250 克鮮奶油
2 克甜菜根粉（見第 94 頁，或採用現成的）
150 克紅寶石巧克力（嘉麗寶 RB1，34%）

杏仁糖衣錠：
100 克杏仁
200 克紅寶石巧克力（嘉麗寶 RB1，34%）

要製作鵝肝膏，首先將牛奶和鮮奶油一起煮沸，再將糖與蛋黃混合，並溶解明膠。將蛋黃混合物與牛奶混合物混攪，並用攝氏 80 度煮熟。

用鍋鏟添加溶解的明膠，然後加入鴨肝，再用攪拌棒攪拌。加入鹽和胡椒粉調味，將鴨肝膏倒入清洗乾淨的蛋殼或其他模具中，之後放入冰箱。

要製作甘納許，首先要溶解明膠。接著將 100 克奶油和甜菜根粉一起煮沸，然後將鍋子從火源移開，先混合溶解的明膠再將紅寶石巧克力混攪進去。將 250 克鮮奶油打成團塊，並用鍋鏟與巧克力混合物混攪。把它放在冰箱裡，等它硬化。

同時可以開始製作杏仁糖衣錠。首先將杏仁分散放在烤盤上，然後在以攝氏 160 度預熱的烤箱中烘烤約 18 分鐘。

將紅寶石巧克力調溫（見第 62 頁）。在杏仁上塗上一些調溫後的巧克力，讓它們固化。

將甘納許攪拌至光滑，然後放入帶有鋸齒出口（直徑 8 公釐）的裱花袋中，再連同鴨肝膏於每個蛋殼擠成一個玫瑰花結的圖案。將敷蓋後的杏仁切成大塊，然後用它們裝飾甘納許玫瑰花結。

蛋白霜、賽梅爾和小餅乾

MERINGUES EN SEMEL – EN BISCUITS

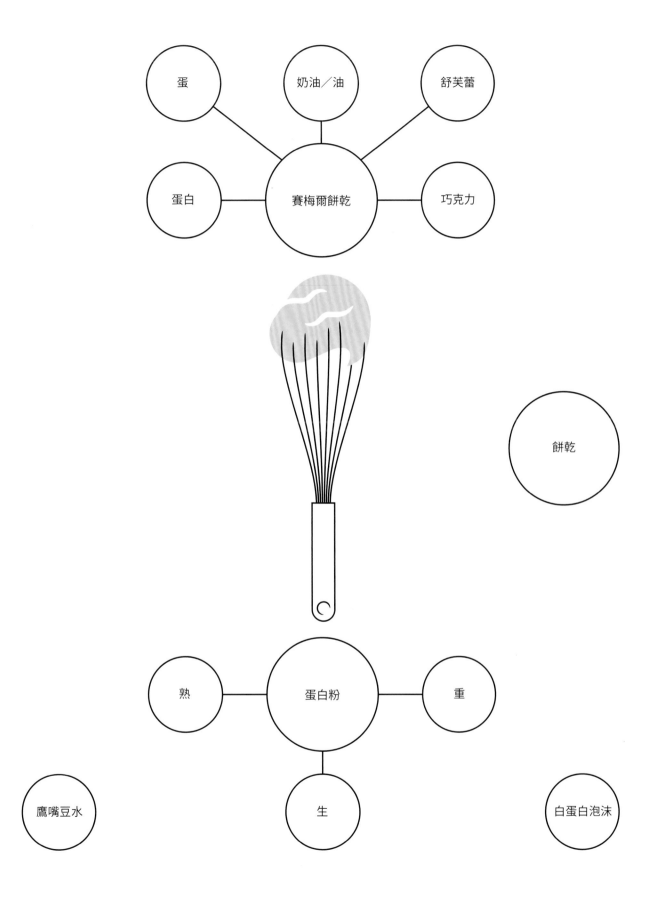

蛋

奶油／油

舒芙蕾

蛋白

賽梅爾餅乾

巧克力

餅乾

熟

蛋白粉

重

鷹嘴豆水

生

白蛋白泡沫

蛋白霜、賽梅爾和小餅乾

我把這一整群打成蓬鬆的雞蛋，分成許多細項。你在示意圖中會看到，蛋白霜分成三種。第一種是生的泡沫，作法是攪拌蛋白並加入糖；第二種是重的泡沫，作法是將蛋白和糖隔水加熱，然後打至蓬鬆為止。還有一種是熟的泡沫，作法是將糖水煮沸，然後加入蓬鬆的蛋白中。這裡有兩種東西很特殊：一種是使用鷹嘴豆富含蛋白質的液體「鷹嘴豆水」為基礎（而非雞蛋蛋白）的蛋白霜，另一種是以白蛋白為基礎的蛋白霜；蛋白中的白蛋白，讓你可以將蛋白攪拌至蓬鬆狀態。你可以單獨購買白蛋白粉末，將其參入果汁中，能讓果汁充滿氣體。而蛋白霜中常常會用可可粉添增巧克力口味。

蛋白 - 賽梅爾餅乾的基礎也是蛋白霜。這類餅乾可以是前面所提的各種版本，只是添加了麵粉、澱粉和堅果等裝飾物。至於雞蛋 - 賽梅爾餅乾，選用的雞蛋品種是關鍵的因素，但這並不能維持整個雞蛋的原始比例。因為蛋黃含有脂肪，所以我們通常會加入更多蛋黃以使成果更具奶味。有些配方會一起攪拌蛋黃和蛋白，也有些配方會先將它們分開、在製備的最後階段才混合。當你把蛋黃和蛋白攪打至分開，你會得到更蓬鬆的效果。以油或奶油為基底賽梅爾餅乾含有大量脂肪。該成分對口味和結構有重大影響。比如說，油會使賽梅爾餅乾變得更富奶味，像是紅蘿蔔蛋糕或鬆餅。

我個人最喜歡的賽梅爾餅乾，是以巧克力為基底的；這點我在上一本書中已經提過，但我想你能理解我很想在本書再次強調這點。很多製品都有巧克力的蹤跡，但在以巧克力為基底的賽梅爾餅乾中，很大一部分的成分是由（黑）巧克力和／或可可粉組成。黑巧克力提供了最好的味覺效果，但許多人也喜歡布朗尼的白色版本 —— 布朗迪。然後還有舒芙蕾。你不常在糕點店看到舒芙蕾，但在餐廳卻會常常碰到 —— 這可是有充分原因的，因為它所用的個賽梅爾餅乾是剛烘焙完成、可以立即上桌的，畢竟舒芙蕾很快就會塌陷。

最後我們也要來看看，現今不再那麼常見的「真正的」餅乾。現代人比較喜歡柔軟濃膩的餅乾，而不是酥脆和乾燥的餅乾。但傳統餅乾有一個主要優勢：乾燥的特性使它們可以吸收大量水分，例如含有大量風味的水分。一個很有名的例子就是手指餅乾（savoiardi）。我們可以將手指餅乾泡在茶裡，也可以泡進利口酒中。或者就像法國蘭斯（Reims）人的傳統做法，泡在香檳中！

製備技術

棉花糖

棉花糖和棉花軟糖都是很好的蓬鬆糖果，通常還會加點香草或水果口味。而棉花糖和棉花軟的區別在於是否添加蛋白。這些棉花糖裹上可可粉後，也會帶有黑巧克力的風味。

1. 稱取 30 克明膠、150 克水、180 克白糖、125 克葡萄糖漿、115 克嘉麗寶 811（黑巧克力）和 25 克蛋白。

2. 將明膠浸泡在水中。將已經稱取的水連同白糖和葡萄糖漿一起煮沸。將巧克力以隔水加熱法融化。

3. 將糖水與蛋白和明膠混合、攪拌後，加入融化的巧克力。將團塊倒入或鋪平在襯有烘焙紙的烤盤中。

4. 待明膠凝固後將團塊切分，再將棉花糖裹上可可粉。

製備技術

馬卡龍

這種來自巴黎的著名夾心餅乾,具有多種顏色和口味。它們也能與巧克力完美搭配 —— 這應該不是什麼秘密。餅乾通常會用可可粉調味和著色,而加上可可塊的話,它們會變得更漂亮、更好吃。

1. 稱取 300 克白糖、75 克水、300 克糖粉、300 克杏仁片、120 克嘉麗寶可可塊和兩份 110 克蛋白。

2. 將白糖與水一起加熱至攝氏 118 度。將糖粉和杏仁屑磨成細粉。以隔水加熱法融化可可塊。

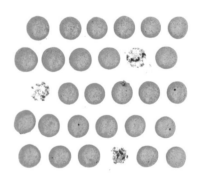

3. 將 110 克蛋白打發,然後加入糖水。將第二份 110 克蛋白用鍋鏟加入磨細的杏仁混合物中,然後再添加融化的可可塊。

4. 將蛋白泡沫和杏仁混合物混合。將麵糊用裱花袋擠在烘焙紙上,然後將馬卡龍以攝氏 115 度烘烤約 35 分鐘。

製備技術

布朗尼

我認為布朗尼是最美麗的巧克力製品之一 —— 幾乎人人都愛，不愛布朗尼的人大概也不會跟你太親近。由於布朗尼內部不含太多空氣，所以它厚重稠密，奶味濃郁。

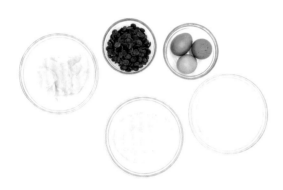 

1. 稱取 250 克奶油、135 克嘉麗寶 811（黑巧克力）、100 克雞蛋、40 克蛋黃、350 克白糖和 125 克麵粉。

2. 將奶油融化，然後混合巧克力。將雞蛋和蛋黃參進白糖打發。讓麵粉過篩兩次。

3. 將巧克力混合物混入雞蛋混合物中，然後混攪麵粉。

4. 把布朗尼麵糊倒入一個罐子中，用攝氏 180 度烘烤約 12 分鐘。

蛋白霜、賽梅爾和小餅乾

失眠

（賽梅爾餅乾，巧克力基底）

你可能正準備第一次、第二次或第三次約會，想給對方留下一點好印象？做這個溫暖的巧克力蛋糕準沒錯，它有美麗的流質內餡，現烤現熟。保證成功，之後再謝謝我就好。你可以加點咖啡讓味道更辛辣；-)

製作甘納許：
225 克鮮奶油
20 克咖啡豆
150 克黑巧克力（嘉麗寶 Brazil，66.8%）

製作麵糊：
125 克雞蛋
65 克蛋黃
75 克白糖
180 克奶油
180 克黑巧克力（嘉麗寶 Brazil，66.8%）
75 克麵粉

要製作甘納許，先將鮮奶油加熱至約攝氏50 度。將鍋子從火源移開，加入咖啡豆，浸泡約 1 小時。

將鮮奶油過篩，並稱取 175 克。把奶油煮沸，然後將鍋子從火源移開，把黑巧克力溶進鮮奶油裡。讓甘納許冷卻並放入裱花袋。

要製作麵糊，先用打蛋器在檯式攪拌機中（連同蛋黃和白糖）打發雞蛋使之蓬鬆，同時融化奶油並溶解其中的黑巧克力。將麵粉過篩兩次。先抹入巧克力混合物，再將麵粉倒入雞蛋混合物，然後將麵糊放入裱花袋。

將麵糊擠進噴有烹飪噴霧油的咖啡杯中；記得在麵糊中間挖個酒窩，把一些麵糊擠到一邊。用甘納許填滿每個酒窩，然後鋪上麵糊。將烤箱以攝氏 185 度預熱，然後把巧克力蛋糕放入其中烘烤約 10 分鐘。出爐後立即食用。

蛋白霜、賽梅爾和小餅乾

草果的崛起

（賽梅爾餅乾，舒芙蕾）

舒芙蕾在我心中佔有特殊的位置。我們能用許多方式來製作這種能夠快速出爐的傑作。我們在這裡介紹的舒芙蕾，帶有黑荳蔻香味的白巧克力基底。這種黑豆蔻又叫做草果，它是一種不凡的甜味調味品，也因為如此而迷人。

150 克全脂牛奶

5 個黑荳蔻莢

60 克白巧克力（嘉麗寶 Velvet，33.1%）

15 克麵粉

30 + 30 克白糖

30 克蛋黃

90 克蛋白

將牛奶加熱至約 50°C。將鍋子從火源移開，加入荳蔻莢，浸泡約 1 小時。

濾過牛奶並稱取 125 克。將泡過荳蔻莢的牛奶煮沸，然後隔水融化白巧克力。將麵粉過篩兩次，與 30 克白糖和蛋黃混合。將少許熱牛奶混合到蛋黃混合物中，然後將其攪拌到剩餘的牛奶中變成蛋奶醬。將蛋奶醬加熱至攝氏 85 度，並拌入融化的巧克力。

同時，在檯式攪拌機中用打蛋器將蛋白與第二份 30 克白糖打勻。輕輕將蛋奶醬拌入蛋白混合物中。

用塗有植物油或噴有烹飪噴霧油的模具（約 75 毫升）中加入麵糊，並抹平頂部。用你的手指（務必乾淨！）沿著每個模具的邊緣鬆開麵糊，然後在以攝氏 180 度預熱的烤箱中烘烤舒芙蕾約 12 分鐘。

金條

（賽梅爾餅乾，奶油／油）

這麼奶油的奶油蛋糕，不管是不是奶奶烤的，不加點料的話都感覺有點無聊。這種飽滿的蛋糕在法國等地的糕點店很常見，而我感覺在我們荷蘭也越來越多了！

製作果凍：
200 克水
50 克檸檬汁
250 + 25 克白糖
30 克葡萄糖漿
7 克黃色果膠
10 克檸檬皮
5 克檸檬酸

製作麵糊：
180 克麵粉
240 克軟奶油
200 克黑糖
200 克雞蛋
5 克粗鹽

製作淋醬：
100 克金巧克力（嘉麗寶 30.4%）
金箔

要製作果凍，先將水、檸檬汁、250 克白糖和葡萄糖漿煮沸。將 25 克白糖與黃色果膠混合，拌入沸騰的液體。加熱至攝氏 107 度，再加入檸檬皮和檸檬酸。將檸檬混合物倒入耐熱容器（18×12 公分）中，形成約 1.5 公分厚的一層。讓果凍膠凝約一小時。

要製作麵糊，先將麵粉過篩兩次。在檯式攪拌機中用打蛋器將黃油攪打至蓬鬆。打入細白糖，然後在打發的同時慢慢加入雞蛋。最後，將麵粉和鹽拌入麵糊中。

將一半的麵糊舀入一個噴有烹飪噴霧油的一公升蛋糕模中，並用湯匙背面抹平。從檸檬果凍上切下幾公分寬的果凍條，放在麵糊上。把剩下的麵糊分在上面，再抹平。將蛋糕放入以攝氏 165 度預熱的烤箱中烘烤約 45 分鐘，直到呈金黃色。

從烤箱中取出蛋糕，讓它冷卻。

將金巧克力（參見第 62 頁）調溫。從模具中取出蛋糕，用巧克力和金箔裝飾。

鮮奶油結構和甘納許

CRÈMESTRUCTUREN EN GANACHES

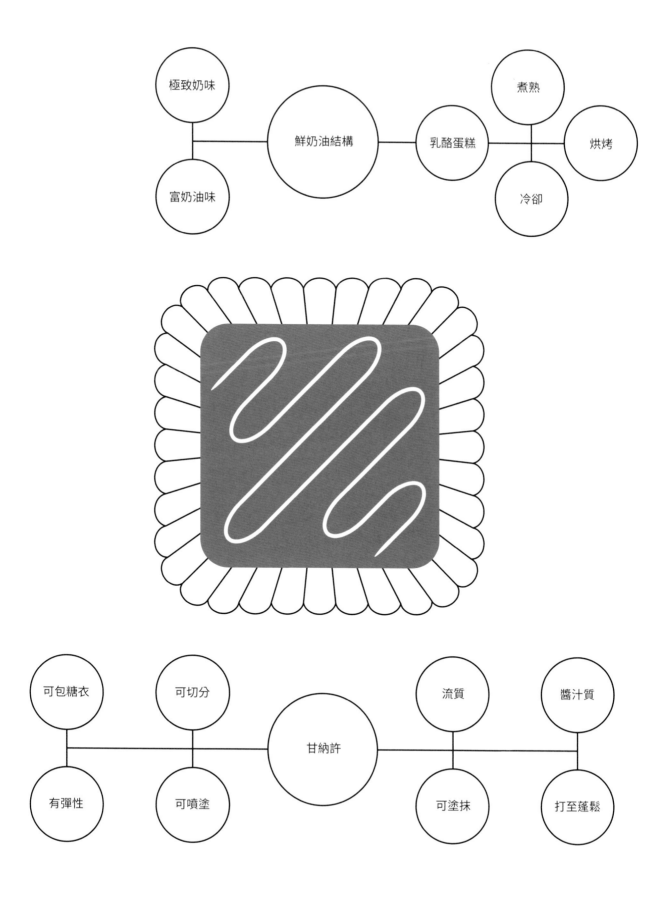

極致奶味 — 鮮奶油結構 — 乳酪蛋糕
富奶油味

煮熟
烘烤
冷卻

可包糖衣 — 可切分 — 甘納許 — 流質 — 醬汁質
有彈性 — 可噴塗 — 可塗抹 — 打至蓬鬆

鮮奶油結構和甘納許

我之所以把這兩組放在同一章裡，主要是因為製品的質地。這兩者都擁有漂亮的鬆軟外觀，某些配方的成果會偏向黏漿狀，但這兩組都不算是具備蓬鬆、黏稠的漿狀質地。

當我們細看製備方式時，會發現鮮奶油結構俱樂部裡的成員，彼此相距甚遠。最重要的是要知道每種成分都有明確的功能。有些成分我們是為了增加口味而添加，但大部分的成分添加後會影響結構，尤其是黏著劑和膠凝劑。在食譜中，你會很快就會發現哪些成分需要煮熟或融化。

甘納許的情況其實也是一樣，不過它的基底還是比較清楚的。甘納許是水分（通常是鮮奶油）和巧克力的組合。例如，你可以在鮮奶油中加入香草或香料來添加風味。至於含水分的成分，你也可以改用水果泥部分或完全取代鮮奶油。巧克力的種類也可以隨意改變，但正如我上課時常常說的：如果巧克力種類改變了，你的食譜也會改變。巧克力本身已經是一道食譜，因此會對其他特徵造成影響。通常，你可以說巧克力越純，它的結合力就越大。

在技巧方面，各種製品的準備工作略有不同，我會解釋三種最常用的製備技術。甘納許中經常額外添加的成分之一就是抗結晶劑。例如，許多食譜都有玉米糖漿的角色，它可以預防其他添加成分出現結晶的現象。還有像是在牛軋糖食譜中，葡萄糖可防止糖晶體結塊。至於甘納許，重點便是脂肪晶體；如果它們結塊，進食時你會嚐到顆粒狀質地，味蕾也會黏上一層薄膜。我們也會常常碰到奶油。它雖然也是一種調味品，但肯定多少也會影響質地。奶油通常與我們想要切分的甘納許一起使用。重要的是，絕對不要連同含水成分一起烹飪奶油、要等到最後一刻才能添入，那時甘納許應該已經冷卻到攝氏 45 度以下，奶油也應該達到室溫。這可以預防奶油完全融化，並保持結構完整，你的甘納許也會更漂亮。而其他被切分的甘納許中，除了巧克力之外，你還可以參一點可可脂當作額外添加劑。室溫下的可可脂很硬，因此能讓餡料更緊實。對於彈性較佳的甘納許，例如製作甜點的裝飾用風味成分，你可以添加黏著劑，比如像是明膠，這能支持結構。

鮮奶油結構還有一種衍生產品：「極致奶味」（namelaka）。這種蔗品有點像甘納許，你得用葡萄糖漿烹煮牛奶，然後加入明膠和巧克力。當混合物冷卻到攝氏 45 度以下時，再加入鮮奶油。

製備技術

甘納許基礎製作法

製作甘納許的方法很多，有非常簡單的，也有非常複雜的，使用哪種方法由你決定。每種技術都有一些可談。單就乳化效果而言，使用以下這種基礎製作法不會達到最佳效果，但這個做法的好處是非常快速又簡單。

1. 稱取 175 克鮮奶油、25 克轉化糖漿和 250 克嘉麗寶 823（牛奶巧克力）。

2. 用平底鍋煮沸鮮奶油和轉化糖漿。

3. 將鮮奶油加入巧克力之中，再將團塊攪拌均勻。

4. 甘納許已經完成，可以進一步加工了。

製備技術

乳化方法

如果想將液體（這裡我們使用鮮奶油）與脂肪（巧克力）混合，我們最好進行乳化以獲得最佳的成果。乳化是指原本不會相互混合的脂肪與液體，兩者結合在一起的過程。

1. 稱取 170 克嘉麗寶 811（黑巧克力）、175 克鮮奶油和 25 克轉化糖漿。

2. 以隔水加熱法融化巧克力，並煮沸鮮奶油和轉化糖漿。

3. 鮮奶油分成五等分塗抹在巧克力上。混合物首先會凝結。

4. 甘納許用棒狀攪拌機乳化，然後就可以進一步加工了。

製備技術

機器方法

如果你的廚房裡有「廚房幫手」（KitchenAid）攪拌機，那就盡量善加利用它。用這種方法製作甘納許，最大的優點就是讓機器完成大部分工作，你只要專心在不同階段加進鮮奶油就行了，還能偶爾啜飲幾口咖啡。

1. 稱取 170 克嘉麗寶（黑巧克力）、175 克鮮奶油和 25 克轉化糖漿。

2. 以隔水燉鍋融化巧克力，放進檯式攪拌機的碗中。將鮮奶油和轉化糖漿煮沸。

3. 讓攪拌機以速度 2 運作，同時分批將鮮奶油慢慢加到巧克力中。

4. 甘納許已經準備好進一步加工了。

鮮奶油結構和甘納許

光陰荏苒

（甘納許，流質）

當我還小的時候，就已經對歷史很著迷，到了現在我有時也會花幾個小時鑽研。我也喜歡與烹飪歷史學家莉瑟特・克魯伊芙（Lizet Kruijff）對話，她經常幫我解決問題。這個食譜中的感覺，是由美麗的虛空派畫作所啟發的。

製作甘納許：
175 克血橙泥
3 克薑餅香料
10 克轉化糖漿
200 克牛奶巧克力（嘉麗寶 Java，32.6%）

製作凝膠：
250 克血橙泥
15 克白糖
3 克洋菜

額外備料：
20 克可可脂（嘉麗寶）
金色、橙色和紅色食用色素（水溶性粉末）
250 克牛奶巧克力（嘉麗寶 Java，32.6%）

要製作甘納許，先將血橙泥與薑餅香料和轉化糖漿一起煮沸。將熱的橘子混合物倒在牛奶巧克力上，用手動攪拌器攪拌，然後放入裱花袋，靜置至少 3 小時。

同時製作果凍：將血橙泥和白糖一起煮沸。加入洋菜，讓橘子混合物沸騰 3 分鐘。將果凍從火源移開，讓它凝膠化大約 1 小時。

用廚房紙清潔半球形（直徑 3 公分）的巧克力模具。融化可可脂，分成三等份。將其中一種色素混合到每份之中，然後冷卻至約攝氏 30 度。先在模具上刷上金色的可可脂，然後用手指擦掉，等它稍微變硬以後再用橘子重複同樣動作，最後再用紅色可可脂。

將果凍（最好在美善品 [Thermomix] 多功能料理機中）磨成光滑的凝膠，並放入裱花袋中。將牛奶巧克力調溫（參見第 62 頁）並讓模具成型（參見第 72 頁）；把剩下的巧克力先放一旁。

這時，先為每個模具塞入一顆橙色凝膠，然後再加入一些甘納許。等到它變成一張薄片，再覆蓋上一層薄薄的（之前放在一旁的）調溫巧克力。讓巧克力固化後取下。

紅色蘭姆

（鮮奶油結構，極致奶味）

製作「極致奶味」：
100 克全脂牛奶
10 克明膠
100 克蘭姆酒
10 克葡萄糖漿
250 克黑巧克力（嘉麗寶 Madagscar，67.4%）
400 克鮮奶油

製作杏仁基底：
300 克杏仁屑
300 克糖粉
4 克紅色食用色素（水溶性粉末狀）
110 克蛋白

製作蛋白基底：
110 克蛋白
300 克糖
75 克水

其他：凍乾覆盆子片

將大綠蛋烤爐加熱至攝氏 100 度。要製作「極致奶味」，先將牛奶倒入碗中。在木炭上撒上一把蘭姆酒桶中的煙木，放好 convEGGtor 陶瓷板和爐柵，然後將碗擺在上面。蓋上蓋子，用煙燻烤牛奶 10 分鐘。同時溶解明膠。將煙燻牛奶、蘭姆酒和玉米糖漿煮沸。加入明膠，然後加入巧克力，用攪拌棒攪拌，然後加入鮮奶油。將它保存在裱花袋中，並保持陰涼。要製作杏仁基底，先將杏仁屑磨成粗粉。分三次加入糖粉。將食用色素攪拌到蛋白中，然後將其抹入杏仁混合物中。

要製作蛋白基底，先將蛋白放入檯式攪拌機中。將糖與水一起用中度火侯加熱至攝氏 118 度；當糖水達到攝氏 115 度時，將攪拌機調至高速。將熱糖漿以半速細流倒入蛋白中，將兩者混合到整個團塊達到攝氏 50 度。

先將三分之一的蛋白基底抹入杏仁基底中、然後再抹入其餘的三分之二，之後再放入裱花袋中。在鋪有烘焙紙的烤盤上，用裱花袋將麵糊擠成圓形（直徑 3 公分）。靜置 30 分鐘。

在以攝氏 115 度預熱的烤箱中烘烤馬卡龍約 35 分鐘。當烘烤時間經過一半時，打開烤箱門幾秒鐘。在每個冷卻的馬卡龍的其中一半擠上一團「極致奶味」，再撒上覆盆子片。

Macarons:
Rood

鮮奶油結構和甘納許

天堂之島

（甘納許，可切分）

以前有個知名的糖果棒廣告，說嚐了它一口簡直就像人間天堂——這我無法百分之百肯定，但它確實好吃到爆！

製作椰子基底：
80 克奶油
40 克葡萄糖漿
200 克椰子碎屑
15 克檸檬皮

製作甘納許：
260 克椰奶
65 克轉化糖漿
740 克白巧克力（嘉麗寶 Velvet，33.1%）
100 克軟奶油

額外備料：
500 克黑巧克力（嘉麗寶 811，54.5%）
100 克椰子碎屑

要製作椰子基底，先用葡萄糖漿融化奶油。加入椰子碎屑和檸檬皮，鋪在一張烘焙紙上。蓋上第二層烘焙紙，擀成長方形（18×20 公分）、厚度約 3 公分。取下上方的烘焙紙，放在帶有凸起邊緣、大小合適的托盤。

要製作甘納許，先將椰奶和轉化糖漿一起煮沸。用隔水加熱法融化白巧克力。將巧克力和軟化的奶油抹入椰奶混合物中，並用浸入式攪拌機乳化，然後倒在椰子基底上，讓它固化至少 24 小時。

將甘納許切成長方形，長寬各約為 2 公分和 4.5 公分。將黑巧克力調溫（參見第 62 頁）。將這些長方形浸漬（參見第 74 頁），撒上椰子碎屑，讓它們固化。

蓬鬆結構和奶油霜

LUCHTIGE STRUCTUREN EN BOTERCRÈMES

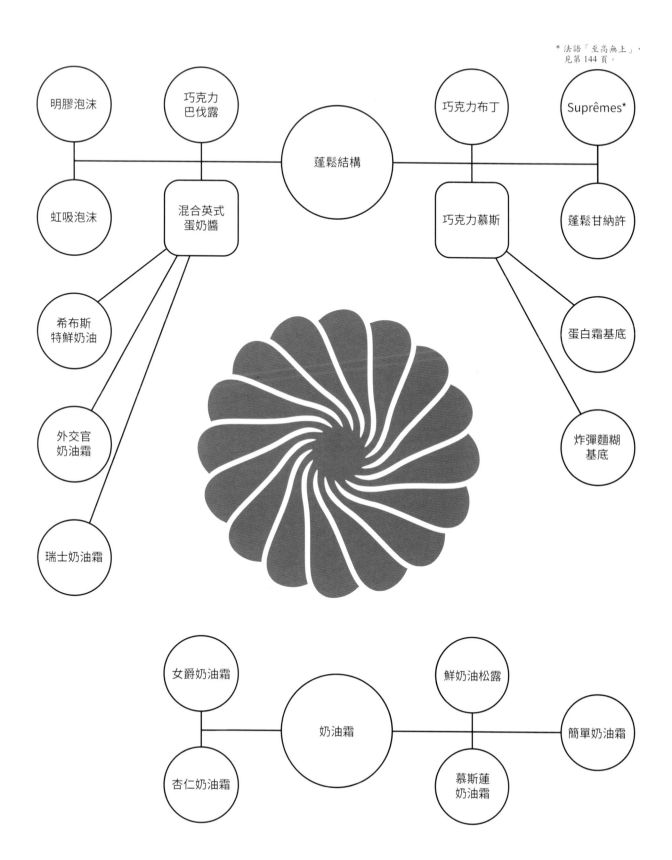

* 法語「至高無上」，
見第 144 頁。

明膠泡沫

巧克力
巴伐露

蓬鬆結構

巧克力布丁

Suprêmes*

虹吸泡沫

混合英式
蛋奶醬

巧克力慕斯

蓬鬆甘納許

希布斯
特鮮奶油

蛋白霜基底

外交官
奶油霜

炸彈麵糊
基底

瑞士奶油霜

女爵奶油霜

奶油霜

鮮奶油松露

簡單奶油霜

杏仁奶油霜

慕斯蓮
奶油霜

蓬鬆結構和奶油霜

要說本章的重點，一言以蔽之就是：這裡所有食譜的製品都具有蓬鬆的性質。所有奶油霜都是混合物，有時由 50% 的奶油組成，還有其他成分提供口感、甜味張力或是更蓬鬆的結構。奶油都會被打發到蓬鬆狀。

我們所知道的最簡單的奶油霜，就是「簡單奶油霜」（crème au beurre facile）。這種鮮奶油裡面的奶油已經隨著一部分糖打至蓬鬆了。糖分通常由過篩的糖粉組成，因為它很容易溶解，所以結果會是一種「乾」的鮮奶油。有時也會使用細砂糖，如果要做得更軟，甚至還會用到軟糖。這種鮮奶油很適合塗抹或覆蓋蛋糕或糕點，但我個人認為它不太適合當作餡料，因為缺乏味道。

我個人最喜歡的奶油霜是「女爵奶油霜」（crème duchesse）。炸彈麵糊（pâte à bombe）是被打至蓬鬆的蛋黃和糖團塊，它會被加進女爵奶油霜打蓬的奶油中。這使這款奶油霜更加蓬鬆，你可以品嚐到蛋黃的奶味。我見過用烹飪泡沫（蛋白基底）代替炸彈麵糊的版本，但這樣做會失去很多味道，因為蛋黃比蛋白能讓鮮奶油更有奶味。

幕斯蓮奶油霜（crème mousseline）也很有味道；它是以英式蛋奶醬為基礎製作的。在製備這種奶油霜的過程中，我經常用上我以英式蛋奶醬加工過的巧克力。幕斯蓮奶油霜的味道與女爵奶油霜一致，但內部結構沒那麼蓬鬆、因此也沒有那麼豐富可期。

杏仁奶油霜（crème d'amande）與杏仁卡士達奶餡（frangipane）有許多相似之處，不同之處在於磨碎的杏仁用於製作杏仁奶油霜，而我們荷蘭人總是使用現成的杏仁糊製作杏仁卡士達奶餡。有時會在杏仁卡士達奶餡中另外加入糕點專用鮮奶油，以豐富口味和結構。

最後是鮮奶油松露 —— 我和它有著親密關係，這種單純到近乎笨拙的罪惡快感不斷征服我的心。它裡面只含有奶油、糖和鮮奶油的成分，不太適合對於熱量小心翼翼的族群。但拿這個罪惡的甜點出來招待客人絕對值得。奶油打至蓬鬆後，加入煮熟的鮮奶油和糖就可以了。

在其他蓬鬆結構甜品中，巧克力慕斯是最有名的。重要的是，你必須知道慕斯總是含有蓬鬆的雞蛋成分，通常是炸彈麵糊或烹飪泡沫，有關這方面的詳情，請參見「蛋白霜、賽梅爾和小餅乾」一章（見第 110-121 頁）。這是巴伐露所缺乏的；唯一蓬鬆的部分是打發的鮮奶油。

在混合英式蛋奶醬中，由於添加了烹飪泡沫或打發的鮮奶油而顯得蓬鬆，我們不會常常碰到巧克力。不過，巧克力並不是不能用，只是用的不是傳統巧克力，而是巧克力奶油糕點。

製備技術

克里斯多幅奶油霜

這種製品經常被誤認為是一種巧克力慕斯。別忘了，慕斯一定含有蓬鬆的雞蛋混合物，而克里斯多福奶油霜則沒有。製作克里斯多福奶油霜的技巧非常簡單，而且成果非常可口。傳統上，這種餡料多用於克里斯多福蛋糕。

1. 稱取 500 克鮮奶油、75 克白糖和 250 克嘉麗寶 811（黑巧克力）。

2. 參入白糖後攪打鮮奶油至稍微蓬鬆。將巧克力以隔水加熱法融化。

3. 將融化的巧克力小心地抹入鮮奶油中。

4. 克里斯多福奶油霜已準備好，可以進一步加工了。

製備技術

蓬鬆甘納許

它的作法與前一章的製品若合符節。前幾步跟傳統甘納許的製備技術類似，不過之後會加入打發的鮮奶油。明膠能為這種蓬鬆製品提供穩定的支撐力量。

1. 秤取 8 克明膠、200 克和 500 克鮮奶油以及 300 克嘉麗寶 811（黑巧克力）。

2. 浸泡明膠，將 200 克鮮奶油煮沸，然後將 500 克鮮奶油打成稍微蓬鬆。

3. 將煮沸的鮮奶油與明膠和巧克力混合，攪拌至光滑。將稍微蓬鬆的鮮奶油抹入。

4. 蓬鬆甘納許已準備好進一步加工了。

製備技術

巧克力奶油霜

奶油霜有很多種。奶油的部分會用糖粉、軟糖、炸彈麵糊或是這裡提到的糕點奶油（crème pâtissière）來增加甜味。大多數奶油霜都會參香草味，不過巧克力當然更好吃。

1. 稱取 30 克麵粉、500 克牛奶、60 克蛋黃、90 克白糖、20 克澱粉、50 克嘉麗寶 811（黑巧克力）和 600 克奶油。再將麵粉過篩兩次。

2. 將牛奶煮沸。將蛋黃與白糖、澱粉和麵粉混合。

3. 將些許溫牛奶攪拌到蛋黃混合物之中，再將其攪拌至熱牛奶中，煮熟並充分混和（完成糕點奶油的製作）。將巧克力混合進去。最後，將奶油打至蓬鬆。

4. 糕點奶油冷卻後，分三次添加，奶油霜就能進一步加工了。

蓬鬆結構和奶油霜

私釀月光酒

（蓬鬆結構，明膠泡沫）

我始終對我在紀錄片中看過的某些人很著迷：他們開著皮卡車、穿著吊帶牛仔褲，在美國某個森林裡用大鍋子釀造某種飲料。我自己也開始試著依樣畫葫蘆，不過我用的是買來的波旁威士忌。

220 克水
20 克可可粒（嘉麗寶）
12 克明膠
25 克白糖
75 克波旁威士忌（可依個人喜好改變）
100 克山核桃

製作餡料：
100 克鮮奶油
75 克波旁威士忌（可依個人喜好改變）
190 克黑巧克力（嘉麗寶 811，54.5%）

將水加熱至約攝氏 50 度。將鍋子從火源上移開，加入可可碎粒，浸泡約 2 小時。

溶解明膠。將水濾掉，然後稱取 200 克。將水與白糖一起加熱至攝氏大約 60 度。加入波旁威士忌和明膠，在檯式攪拌機中用打蛋器攪拌，直到變得蓬鬆、堅固。放入裱花袋中，用半球形模具（直徑 4 公分）將大量泡沫填充至已經噴上烹飪噴霧油的模具，讓些微泡沫從模具上方流出。把它放在冰箱裡靜置約 2 小時。

與此同時可以製作餡料，將鮮奶油和波旁威士忌一起煮沸。把鍋子從火源上移開，把黑巧克力溶進裡面，讓它冷卻。

在帶有切片刀的多功能切碎機中切碎山核桃，直到出現脈衝的效果。直接切掉凝膠泡沫。用巴黎蘋果鑽（1 公分）將中間的泡沫半給挖空，然後填入巧克力餡。再把兩半黏在一起。

把絞碎的山核桃撒在盤子上，把球滾上去翻攪一番。

蓬鬆結構和奶油霜

剋星

（蓬鬆結構，巧克力慕斯）

這種巧克力慕斯味道令人驚嘆，真的很狂。不過，注意囉，它們是如假包換的味覺炸彈。所以不要貿然嘗試。

150 克黑巧克力（嘉麗寶 Satongo，72.2%）
80 克全脂牛奶
4 克艾斯佩雷多香果
6 克鹽巴
80 克蛋黃
40＋40 克白糖
120 克蛋白
30 克可可碎粒（嘉麗寶）
可可粉（嘉麗寶）

將黑巧克力以隔水加熱法融化，然後將全脂牛奶煮沸。將熱牛奶與艾斯佩雷多香果和鹽拌入融化的巧克力。然後將蛋黃和 40 克白糖拌入巧克力混合物中。

與此同時，在檯式攪拌機中用打蛋器打發蛋白和第二份 40 克白糖。先小心地將三分之二打散的蛋白倒入巧克力混合物中，然後再倒入剩下的蛋白和可可碎粒。將巧克力慕斯舀入裱花袋中。

用巧克力慕斯填充巧克力球模具（直徑 2.5 公分），然後將模具放入冰箱至少 2 小時。

拆下巧克力慕斯球，沾點可可粉。

蓬鬆結構和奶油霜

肌 膚 之 親

（蓬鬆結構，SÛPREME）

你可能知道巧克力代表愛；巧克力也可以成為愛的一部分，這是大家都知道的。更密集使用它，會讓它變得更有趣（也更美味）。這種蓬鬆的混合物是可以吃的，也能在漫長而愉快的夜晚當作軟膏使用。

100＋135 克鮮奶油
100 克全脂牛奶
1 個香草莢
4 克明膠
40 克蛋黃
20 克白糖
450 克白巧克力（嘉麗寶 W2，28%）
100 克可可汁
2 克鹽巴

將 100 克鮮奶油與全脂牛奶一起加熱至攝氏 50 度。同時，將香草莢縱向切半。將鍋子從火源移開，加入香草髓和香草莢，浸泡約 1 小時。

溶解明膠。同時，從鮮奶油混合物中取出香草莢。將蛋黃與白糖混合，加入少許鮮奶油混合物攪拌。把它攪拌到剩下的鮮奶油混合物中。

加熱並煮至攝氏 85 度，同時將白巧克力用隔水加熱法融化。

在檯式攪拌機中用打蛋器攪打 135 克鮮奶油，直到稍微蓬鬆，同時將香草、鮮奶油混合物倒入篩子中，用攪拌器攪拌溶解的明膠和可可汁。最後，拌入融化的巧克力。用攪拌棒攪拌均勻，然後加入鹽巴。

檢查攪打過的鮮奶油、巧克力混合物溫度是否在攝氏 35 至 40 度之間，如有必要，讓它進一步冷卻。用抹刀小心地將鮮奶油混合到鮮奶油巧克力混合物中。

舀入罐中，然後冷藏在冰箱中。

英式蛋奶醬

ANGLAISES

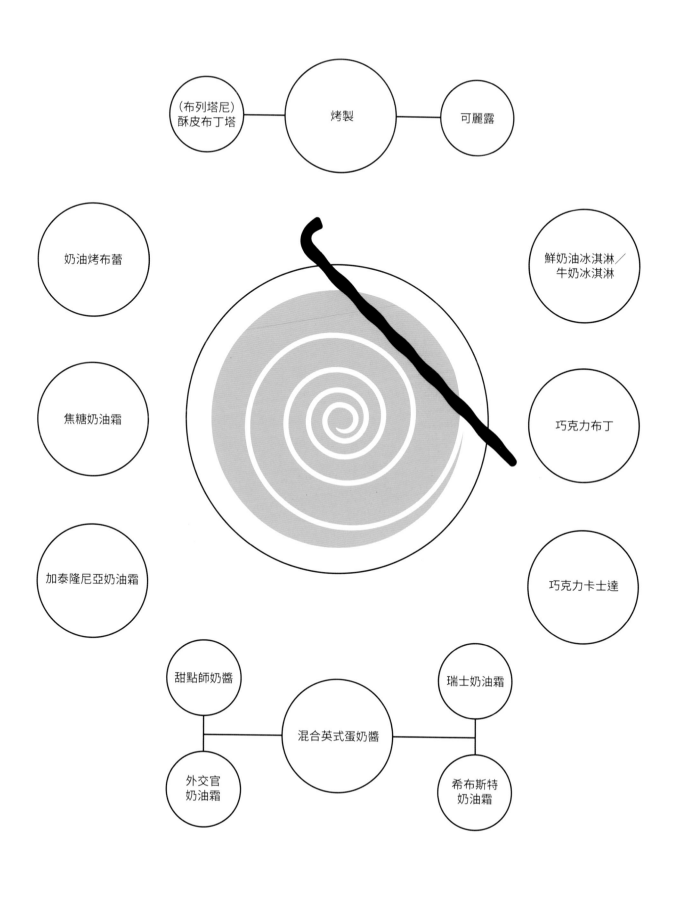

（布列塔尼）酥皮布丁塔 — 烤製 — 可麗露

奶油烤布蕾

鮮奶油冰淇淋／牛奶冰淇淋

焦糖奶油霜

加泰隆尼亞奶油霜

巧克力布丁

巧克力卡士達

甜點師奶醬

瑞士奶油霜

混合英式蛋奶醬

外交官奶油霜

希布斯特奶油霜

英式蛋奶醬

英式蛋奶醬的名字是 anglaises，差不多也就是「英式」一詞的法文。我用經典的英式蛋奶醬（crème anglaise）當作本章的標題，這一詞彙通常被翻譯為卡士達，或被稱作糕點專用鮮奶油。卡士達和糕點專用鮮奶油是英式奶醬沒錯，但比傳統的英式蛋奶醬要濃厚很多倍。傳統的英式蛋奶醬的厚度差不多等同醬汁。

在英式蛋奶醬的大分類之下，我將牛奶和／或鮮奶油，以及用雞蛋（蛋黃）和糖一起烹煮的製品分開來。蛋黃的黏著力比蛋白強，所以採用蛋黃與否取決於你想要多少黏著力。有時我們也會參入更多黏著劑，像是麵粉或澱粉。至於選擇牛奶或鮮奶油、或兩者結合，取決於所需的奶油味。糖的含量決定了甜味的張力，而雞蛋（蛋黃）、麵粉和澱粉等黏著劑則決定了團塊的最終硬度。雞蛋（蛋黃）如果沒有添加澱粉或麵粉，最高煮到攝氏 85 度都能擁有良好的黏著力。高過這個溫度，雞蛋（蛋黃）會過熟並且結塊。雞蛋（蛋黃）最低需要攝氏 70 度才能凝固。因此，請務必將溫度保持在攝氏 70 至 85 度之間。添加麵粉或澱粉時，必須將團塊加熱到沸點以獲得良好的黏著力，因為在這種情況下雞蛋（蛋黃）受到麵粉或澱粉的保護，所以不會結塊。

英式蛋奶醬是一種經常在菜餚中當作醬汁的製品，像是布丁和蛋奶慕斯（crémeux）的基底，但傳統的鮮奶油和牛奶冰淇淋（參見「冰淇淋種類」，第 158-169 頁）也以英式蛋奶醬為基礎。最著名的荷蘭英式奶醬，是「甜點師奶醬」，或稱糕點專用鮮奶油。它因填充法式千層酥（tompouce）的餡料而知名，但它也是例如希布斯特鮮奶油（crème chiboust）和瑞士鮮奶油（crème suisse）的基底。從本質上講，我們荷蘭的香草卡士達也是一種甜點師奶醬。

我特別喜歡通常慢慢煮熟的英式奶醬，再加上焦糖。沒有參焦糖的話，我們就稱為酥皮布丁塔（flan），而參有焦糖的製品則有幾種變化，例如加泰隆尼亞奶油霜、焦糖奶油霜和奶油烤布蕾（crème brûlée）。與前面提到的英式蛋奶醬相比，這些主要是在烤箱中隔水烹製的。烤箱的溫度一般比較高，攝氏 175 度左右。但是因為模具在水中，所以鮮奶油烹煮過程非常安靜，而且非常緩慢。

最後還要看到布列塔尼酥皮布丁塔。可麗露（canalé）有同樣受人喜愛的烘烤餅緣。這種相當堅固的英式蛋奶醬通常是在銅製模具中烘烤的。

如果要找出可可和巧克力在這些英式蛋奶醬製品的蹤影，大概不會有太多成果，頂多只會在巧克力泡芙的餡料發現它。但是可能性還是很多的。你所要做的就是在食譜中添加可可或巧克力。請記住，味道和自然黏著力會發生變化。任何額外添加的成分，都會影響你在食譜中加入其他成分的數量。

製備技術

巧克力卡士達

我認為至少有百分之八十的荷蘭人會在晚上飯後吃甜點。「甜點」一詞在荷蘭文的意思是餐後附帶的一道菜。以甜點來說，卡士達是很受歡迎的。尤其是咖啡焦糖卡士達、白卡仕達或香草卡士達，幸好我們還有巧克力卡士達。

1. 稱取 500 克牛奶、50 克白糖、25 克可可粉、20 克澱粉和40 克蛋黃。

2. 將牛奶煮沸。然後先將乾燥的成分混合在一起，最後再加入蛋黃。

3. 將部分熱牛奶加入糖的混合物中，攪拌至光滑。之後將鍋裡所有東西都煮至沸點。

4. 待冷卻後，巧克力卡士達就可以食用了。

製備技術

烤布蕾

烤布蕾可能是法式甜點當中最受歡迎的一道。它的神奇之處，在於鬆軟的鮮奶油和酥脆的頂層糖殼兩者間的質地差異。用湯匙輕輕敲破它，就可以享用了。基本的配方是一定含有香草的，但巧克力會帶來更多風味。

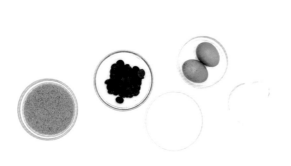

1. 稱取 320 克鮮奶油、70 克蛋黃、40 克白糖和 40 克可可塊。將蔗糖準備好。

2. 將鮮奶油加熱，再將蛋黃與白糖混合。然後先將一些熱的鮮奶油加入蛋黃混合物中，再加入其餘部分。

3. 將蛋黃混合物加進可可塊之中以後，再將奶油在烤箱中以隔水加熱的方式，用攝氏150 度烘烤約 40 分鐘。

4. 冷卻後，在奶油上撒上一層蔗糖並用瓦斯噴槍將成品染上焦糖的顏色。

製備技術

巧克力布丁

這種布丁很老派，它的歷史可以上溯至中世紀——我比較喜歡用「經典」稱之。而「布丁」一詞就是指煮熟混合物並使之增稠，以前也叫做「波丁」（podding）。

1. 稱取 500 克牛奶、25 克可可粉、50 克白糖和 35 克澱粉。

2. 將牛奶煮沸，再將其餘成分混合在一起。

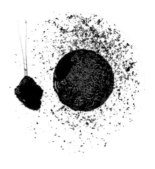

3. 將少量熱牛奶加入其他配料之中，混合後再加入熱牛奶中攪拌，煮沸。

4. 將煮熟的布丁倒進模具。冷卻後就可以把布丁倒出來了。

石榴與檸檬

（熟質，加泰隆尼亞奶油霜）

傳統上，你應該只會在紀念聖約瑟的 3 月 19 日吃到加泰隆尼亞奶油霜，或稱聖約瑟奶油霜（crema de Sant Josep）。據說這種加泰隆尼亞甜點是法國烤布蕾的前身，不過法國人主張順序應該相反才對。

400 克全脂牛奶
100 克石榴汁
80 克蛋黃
200 克白糖
15 克澱粉
80 克紅寶石巧克力（嘉麗寶 RB1，34%）
10 + 5 克檸檬皮
1 顆石榴
60 克蔗糖

將石榴汁與牛奶一起煮沸。與此同時，用打蛋器將蛋黃、白糖和澱粉混合。

將少量熱牛奶混合物混進蛋黃混合物中，然後再一次跟剩下的熱牛奶混合物混合。煮至攝氏 80-85 度，加入巧克力和 10 克檸檬皮。將混合物倒入一個不太深的大碗（容量 1 公升）或較小的碗（約 100 毫升）中，冷卻至室溫。

把石榴切半，挖出石榴籽。在奶油霜上撒上蔗糖，然後用烤布蕾瓦斯噴槍染上焦糖的顏色。用石榴籽和 5 克檸檬皮裝飾。

脆皮烤雞

（烤質，酥皮布丁塔）

在甜點中加入肉類 —— 這種不尋常的作法也已經行之有年，其中也包括參入培根。我個人很喜歡進行這種嘗試，我還試過可可和鴨肝的組合。在這道甜點中，我們要將雞皮和巧克力混合在一起。

製作酥脆雞皮：
全雞皮
黑胡椒
精鹽

製作酥皮布丁塔：
500 克全脂牛奶
50 克雞蛋
10 克蛋黃
90 克白糖
50 克澱粉
50 克白巧克力（嘉麗寶 W2，28%）

額外備料：
辣椒粉

要製作酥脆的雞皮，先將雞皮上的脂肪刮掉。撒上鹽和胡椒粉調味，將雞皮放在襯有烘焙紙的烤盤上，然後將其鋪平。在上頭蓋上第二張烘焙紙，然後為第二個烤盤鋪上烘焙紙。將雞皮放入以攝氏 180 度預熱的烤箱中烘烤約 20 分鐘，直到外觀呈金黃色、質地酥脆為止。

同時你可以製作酥皮布丁塔。先將牛奶煮沸，然後將雞蛋、蛋黃、白糖和澱粉混合。將少許熱牛奶與蛋黃混合物混合，然後再一次與剩下的熱牛奶混合、煮沸，然後立刻從火源移開。加入白巧克力，倒入 6 個小烤碗（容量約 125 毫升）中。

從烤箱中取出雞皮，讓它冷卻並切成碎片。將烤箱的溫度提高到攝氏 190 度，烘烤約 20 分鐘，直到頂部出現漂亮的顏色。

讓酥皮布丁塔稍微冷卻。在每個酥皮布丁塔中插入一片酥脆的雞皮，最後撒上辣椒粉調味。

波爾多銅模

（烤質，熟質）

我所知道的最美妙的糕點製品之一就是可露麗 —— 某種程度上來說，它是你能烘烤的甜點師奶醬。以下是我個人獨家配方，是用烤碗製成的凝膠版本。

製作甜點師奶醬：

375 克全脂牛奶

35 克奶油

3 克鹽

1 個香草莢

110 克麵粉

190 克白糖

50 克蛋黃

40 克蘭姆酒

製作凝膠奶油霜：

250 克鮮奶油

1 個香草莢

4 克明膠

60 克蛋黃

50 克白糖

額外備料：

食用銅模噴霧劑

要製作甜點師奶醬，先將牛奶與奶油和鹽一起加熱至攝氏 50 度。同時，將香草莢縱向切半。將鍋子從火源移開，加入香草髓和香草莢，浸泡約 1 小時。將麵粉過篩兩次，與白糖混合。從牛奶混合物中取出香草莢，將其中的一些攪拌到麵粉混合物中。拌入蛋黃，與剩下的牛奶混合物相混。倒入蘭姆酒，將甜點師奶油霜填充小型可露麗模具至四分之三滿。在烤箱中以攝氏 180 度烘烤可露麗 15-20 分鐘，直至呈金黃色。待之冷卻，再從模具中卸下。

要製作凝膠奶油霜，先將鮮奶油加熱至攝氏 50 度。將香草莢縱向切半。將鍋子從火源移開，加入香草髓和香草莢，再浸泡約 1 小時。

溶解明膠。從鮮奶油中取出香草莢。將蛋黃與糖混合，拌入已浸漬的奶油中。加熱至攝氏 85 度。將溶解的明膠與鮮奶油混合物相混，並用些許奶油霜填充大型可露麗模具。將烤好的可露麗壓入每個模具中。放入冷凍庫 2 小時。

從模具中鬆開可露麗，並用銅模噴霧劑噴灑周圍。

冰品

IJSSOORTEN

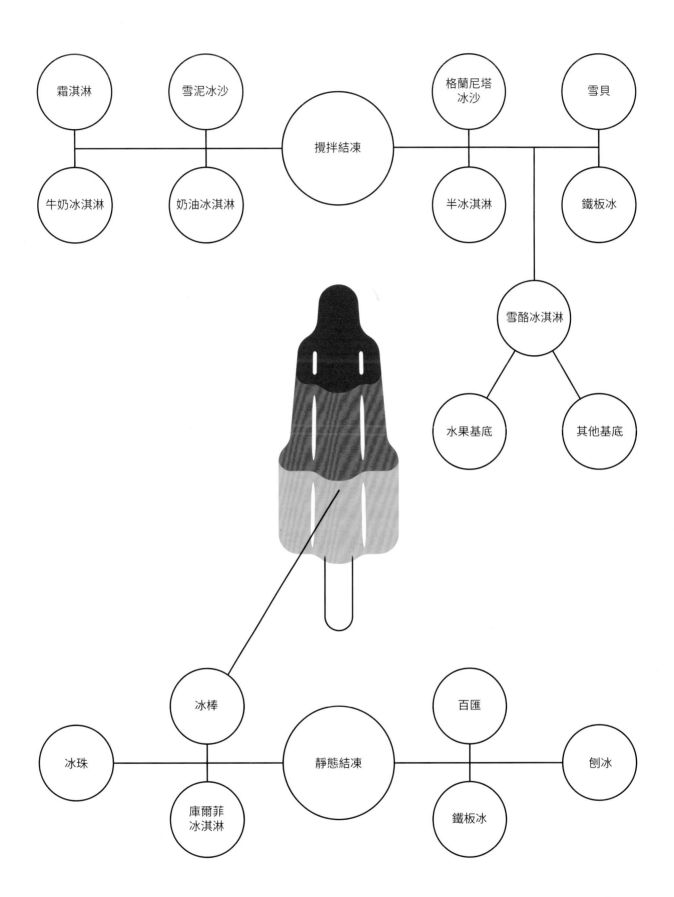

霜淇淋

雪泥冰沙

攪拌結凍

格蘭尼塔
冰沙

雪貝

牛奶冰淇淋

奶油冰淇淋

半冰淇淋

鐵板冰

雪酪冰淇淋

水果基底

其他基底

冰棒

冰珠

庫爾菲
冰淇淋

靜態結凍

百匯

刨冰

鐵板冰

冰品

從本質上講，冰品是一種結構鮮明的製品：冷凍成分放在棒上、甜筒中，或是充當一道甜點的其中一部分。

對於需要攪拌的冰品，其團塊在攪動時會結凍，不管有無時間間隔。在大多數冰品中，這種情況是以連續的運動發生的：例如在製冰機的壁面凍結時，渦輪葉片還是在運作著。但是，如果我們有新式科技幫忙，例如使用 Pacojet 冰淇淋製造機，在結凍和攪磨之間會有一個「暫停」，但做出來的冰品確實屬於攪磨過的類型。例如，格蘭尼塔冰沙（granité）的混合物偶爾被舀拌或攪磨時——這自然是一種運動——便會結凍。

在這組製品中，最大的不同在於配方的成分和比例。雪酪（sorbet）是原則上只使用水果、且糖含量維持在 30% 左右的冰淇淋。雪酪中的另一組是成分不同的雪酪，例如可可粉。而雪貝（sherbet）除了水果以外，還含有乳製品，最終乳脂含量在 1% 到 3% 之間。牛奶冰淇淋和奶油冰淇淋幾乎是相同的，只是乳脂的百分比有所不同。奶油冰淇淋必須含有至少 5% 的乳脂，而低於這個數字、但確實含有乳脂的所有冰品都屬於牛奶冰淇淋。而所謂的半冰淇淋，則是一半奶油或牛奶冰淇淋、一半雪酪冰淇淋的混合物。至於霜淇淋，我們對它的認識主要都是來自快餐店，但它的製備其實非常有趣。從本質上講，這是一種具有高度黏著力的牛奶冰淇淋，可以留住大量空氣。雪泥冰沙和格蘭尼塔冰沙從配方來看沒有太大區別，兩者都是含糖量為 20% 的冰淇淋團塊，在製備過程中，格蘭尼塔冰沙偶爾需要攪拌、因為它會結凍，而雪泥冰沙則需要不斷攪拌。鐵板冰（à la plancha ice）之中有攪拌和靜止的冰品類型，端看結凍過程中是否有運動的情況。在這兩種情況，冰品都會在經由大幅冷卻的光滑鐵板上完成。而在攪拌的鐵板冰中，我們會在冰體移動時用抹刀和刀具將團塊雕成冰淇淋。

至於靜止的冰品，我們有時間在冰品結冰的時候啜飲咖啡，因為我們不必讓它們保持運動。通常我們會預先打入空氣，或者不需要空氣。百匯（parfait）本質上是一種慕斯，但含糖量略高，而且非常蓬鬆，從冷凍庫拿出來就可直接食用。冰棒是一種含糖量約為 15% 的冰淇淋，這表示它的團塊結凍良好，但必須大口品嚐。至於冰珠，則是將水分滴入攝氏負 196 度的冰冷液氮中、立即結凍而成的小球。刨冰實際上是一種靜態結凍、隨後以切片機磨碎的格蘭尼塔冰沙——我們從需要攪拌的冰淇淋了解到鐵板冰淇淋的製法，但這裡並不要施力抹上，只要將液體滴在冷板上，進而讓團塊凍結。因此，它的結構類似於冰棒或冰珠。

製備技術

可可雪酪

大多數類型的雪酪都是採用水果為基底，而且最好是大部分都採用水果。現在製作的雪酪基礎是可可粉。由於這種粉末來自可可果，所以如果你把它看作是水果雪酪，我認為這多少沒錯。你所用的可可粉顏色越深，雪酪就會越黑。

1. 稱取 500 克水、150 克牛奶、275 克白砂糖和 125 克可可粉。

2. 將水和牛奶煮沸。混合白砂糖和可可粉。

3. 用攪拌器將混合物一起加入，並用攪拌棒攪拌均勻。

4. 待巧克力混合物在冰淇淋機中變成冰淇淋，可可雪酪就可以食用或進一步加工了。

製備技術

巧克力雪酪

正如上一頁的可可雪酪所提到的，可可雪酪就跟巧克力雪酪一樣，也是一種水果雪酪的延伸，因為巧克力是由可可果製成的。這當然並不算完全正確，可是呢，啊，有時候就是要這樣講才好聽。在這個基本製備法中，你可以用其他類型的巧克力達到不同的效果。

1. 稱取 225 克牛奶、150 克水、35 克葡萄糖漿、190 克白糖和 150 克嘉麗寶 811（黑巧克力）。

2. 將牛奶與水、葡萄糖漿和白糖一起煮沸。

3. 用攪拌棒加入白糖和巧克力後，用浸入式攪拌機將混合物攪拌均勻。

4. 待巧克力混合物在冰淇淋機中變成冰淇淋後，巧克力雪酪就可以食用或進一步加工了。

製備技術

巧克力奶油冰淇淋

奶油冰淇淋的特點，是乳脂比例高於牛奶冰淇淋。這給人一種非常細膩的口感和奶油味。添加巧克力只會讓它變得更棒，再加上可可粉的話則會使巧克力的味道更加濃郁。

1. 稱取 350 克牛奶、150 克鮮奶油、100 克白糖、30 克可可粉、60 克蛋黃和 150 克嘉麗寶 811（黑巧克力）。

2. 將牛奶和鮮奶油煮沸。然後將白糖、可可粉和蛋黃混合。

3. 將蛋黃混合物攪拌至牛奶混合物中，並煮至攝氏 80 度。接著加入巧克力。

4. 混合物用浸入式攪拌機攪拌均勻後，在冰淇淋機中攪磨成冰，巧克力奶油冰淇淋就可以食用或進一步加工了。

太空火箭

（百匯）

有些冰淇淋非常受歡迎，前面的示意圖中就有一個。我們現在要製作的這種也很有特色；偶爾買來吃吃很不錯，但自己動手做會更有趣、更美味。辛辣的咖啡會讓你的味覺火力全開。準備起飛啦！

製作咖啡浸漬液：
250 克鮮奶油
40 克咖啡豆
15 克咖啡果皮（cascara）

製作炸彈麵糊：
175 克蛋黃
115 克水
350 克白糖

額外備料：
8 克明膠
925 克鮮奶油
100 克白杏仁
500 克牛奶巧克力（嘉麗寶 Java，32.6%）

要製作咖啡浸漬液，先將鮮奶油加熱至攝氏50 度。將鍋子從火源移開，加入咖啡豆和咖啡果皮，浸泡約 2 小時。

同時開始製作炸彈麵糊。在檯式攪拌機中用打蛋器攪打蛋黃至蓬鬆。將水與白糖一起加熱至攝氏 115 度左右。將攪拌機調至半速，並加入糖水。讓機器持續運作，直到炸彈麵糊冷卻下來。

溶解明膠。過濾咖啡浸漬液並稱取 235 克。稱取 600 克炸彈麵糊。在檯式攪拌機中用打蛋器攪打 925 克鮮奶油，直到呈半蓬鬆狀。將明膠混合到咖啡液中。

用打蛋器分兩步攪打炸彈麵糊，然後扮入濃稠的鮮奶油。將這個百匯成品填充冰棒模具，在每個模子中放一根冰棒棍，然後放入冷凍庫。

與此同時，將杏仁鋪在烤盤上，在以攝氏160 度預熱好的烤箱烘烤約 15 分鐘。將杏仁切碎。

從模具中取出冰淇淋。用隔水加熱法融化巧克力，並與杏仁相混。將冰棒浸入巧克力混合物中，然後將它們放回冷凍庫中固化。

69 號

（半冰淇淋）

這個數字你一定得上手才行，我保證你會有一個舒爽的結局。溫熱的麵包加上沁涼的冰淇淋和芒果，這樣的組合是真正的亮點！

製作半冰淇淋：
175 克全脂牛奶
100 克鮮奶油
50 克蛋黃
150 克白糖
60 克白巧克力（嘉麗寶 W2，28%）
200 克芒果泥
150 克水

製作包子：
500 克低筋麵粉
7 克乾酵母
75 克白糖
5 克鹽
250 克水
葵花油，用於煎炸

製作芒果康波特蜜餞（compote）：
1 顆芒果
60 克芒果泥
20 克白葡萄酒
20 克白糖

要製作冰淇淋，先將牛奶和鮮奶油加熱至攝氏 50 度。將蛋黃與白糖混合。將一些熱牛奶混合物與蛋黃混合物相混，然後再一次與剩下的牛奶混合物相混。加熱至攝氏 85 度。拌入巧克力、芒果泥和水，讓整個冰淇淋基底冷卻一個晚上。

要製作包子，先將低筋麵粉與酵母和白糖在多功能切碎機中以蝴蝶打蛋器相混。在機器運轉時加入鹽，同時慢慢倒入水。用手將麵團仔細揉捏，揉至光滑。將麵團捏成卷狀，並切成九等份。把它們捏成包子形狀，放在烘焙紙上。用保鮮膜覆蓋麵團球，發酵約 1 小時。

要製作康波特蜜餞，先將芒果剝皮，並將果肉與果中分離。把果肉切成小塊，將它們與芒果泥、白葡萄酒和糖一起煮沸。以文火慢燉，直到水果散開。接著冷卻至室溫。

將麵團球在蒸籠中蒸煮約 10 分鐘，接著讓它們冷卻。將冰淇淋基底放進冰淇淋機，讓它變成冰淇淋。同時將麵團球放入以攝氏 180 度預熱的葵花油中炸至金黃酥脆。再把麵包切成兩半，在上面放上冰淇淋和康波特蜜餞。

美人魚雞尾酒

（冰棒）

雞尾酒是非常受歡迎的。莫希托已經退流行了，現在到處瀰漫金湯尼的味道。如果真的要動手做這種冰，我都會去一個朋友黛絲家裡，用她的「飛行荷蘭人」雞尾酒來加工。如果你現在想在家裡把飲料冰鎮、同時加點風味，可用以下這種脫俗的方法來試試。

875 克水
自選草藥和／或香料，例如馬鞭草、羅勒、
八角茴香和荳蔻
75 克可可碎粒（嘉麗寶）
10 克可可殼
150 克白糖
金箔

把水燒開，接著讓它冷卻到大約攝氏20度。

將草藥和／或香料切碎，與可可碎粒和可可殼一起加入水中。讓味道浸漬至少12小時。

將水過篩並稱取 850 克。加入白糖，然後攪拌至溶解。選擇棒棒糖模具的形狀，將混合物倒入模具中，然後在每個模具裡放一根棒棒糖棍，再將模具放入冷凍庫中。

將冰棒從模具中鬆開，用金箔包覆起來，讓你最愛的雞尾酒更加美味。

麵團和麵糊
DEEGSOORTEN EN BESLAGEN

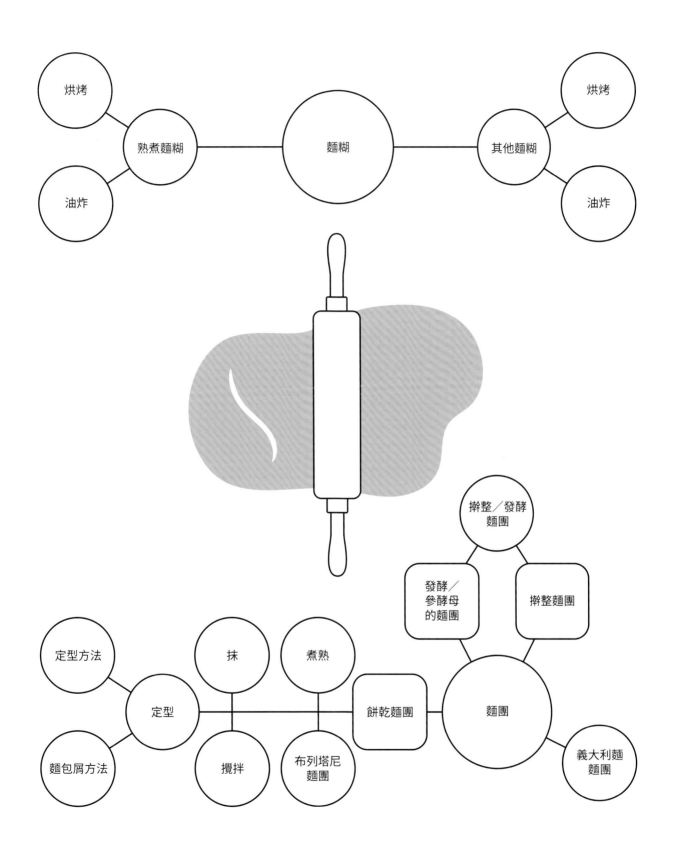

烘烤

熟煮麵糊

油炸

麵糊

其他麵糊

烘烤

油炸

擀整／發酵
麵團

發酵／
參酵母
的麵團

擀整麵團

定型方法

定型

抹

煮熟

餅乾麵團

麵團

麵包屑方法

攪拌

布列塔尼
麵團

義大利麵
麵團

麵團和麵糊

這一章乍看之下可能範圍不算大，但內容可是包括了不少製品。讓我們從餅乾麵團開始說起。我們首先要來區分定型麵團。如果採用定型方法，奶油首先與糖和調味劑（如有需要）混合，然後是含水分的物質，如雞蛋或酪乳，最後是麵粉和膨鬆劑（如有需要）。如果採用麵包屑方法，我們就得從乾物質開始，奶油和水分的比例通常較少。布列塔尼麵團和定型麵團很像，兩者不同之處在於，使用布列塔尼麵團時，雞蛋會被打至膨鬆，而且通常會使用較多發酵粉。

如果是攪麵團，我們會真的將各種成分攪拌在一起、不引入空氣；如果是揉麵團，我們則會將空氣引入麵團中。由於缺乏空氣，攪麵團會發散成扁平的餅乾，而揉麵團則不會。最有名的揉麵團會做成奶油酥餅，你可以從成品輕易看出製作過程所使用的裱花袋噴口圖案。兩種麵團的混合順序與定型方法都相同。

在餅乾麵團當中，比較特別的是熟煮麵團。要製作熟煮麵團，首先將水、糖和奶油煮沸。接著你會往裡面加麵粉，通常還會加進杏仁。待團塊稍微冷卻後，加入發酵粉。當麵團完全冷卻後，將它切成薄片然後烘烤。

在麵團和麵糊俱樂部中，我最喜歡的其中一個類別是擀整麵團，不管有沒有添加酵母。在製作擀整麵團時，先將奶油折疊起來然後翻面，或者換句話說，一遍又一遍擀平然後折疊。藉由這種方式，你會得到更多更薄的麵團和奶油層。在你的麵團中加上酵母的話，還會產生更多效果，這也被稱為擀整發酵。比較好聽的名稱是「維也納甜酥麵包」（viennoiserie），因為它的起源似乎在維也納。我們非常熟悉的可頌麵包的和法式巧克力麵包（pain au chocolat）都屬於此類。

對於麵糊，我將煮熟的麵糊和未煮熟的麵糊區分開來。我們所認識的熟煮麵糊主要是泡芙，此外西班牙油條（吉拿棒，churros）也採用同樣的基礎。在其他麵糊中，主要是將牛奶等含水成分與麵粉和雞蛋等黏著成分混合。比如說煎餅。要使它蓬鬆，就要固定添加發酵劑，如二氧化碳、酵母或銨。

在上述許多製品中，巧克力不一定是標準添加物。當然，通常我們會在巧克力麵包卷中看到一條防烤巧克力，我們也喜歡將鮮炸的吉拿棒浸入融化的巧克力中，但這些通常是最後再添加的。如果真要製作含有巧克力的麵團或麵糊，我們就必須調整配方。我曾經學過一個不錯的做法：減少10%的麵粉量，並將 20% 的麵粉量加入可可粉中。請選擇品質上乘的可可粉，它們口感並非都相同，但人們有時會對它的顏色讚不絕口——想想那有名的兩塊黑色餅乾、中間夾白色餡料的某知名品牌。

製備技術

雙份巧克力餅乾

對自己有信心的甜點店家，幾乎都會把巧克力餅乾擺在櫃檯上。在大多數情況下，使用巧克力餅乾都是用天然的熟煮麵團，但這個食譜例外——來開雙份巧克力派對啦！

1. 稱取 2 份 225 克嘉麗寶 811（黑巧克力）、50 克奶油、2 克鹽、170 克白糖、85 克麵粉、2 克發酵粉和 100 克雞蛋。

2. 將 225 克巧克力以隔水加熱法融化。將奶油、鹽和白糖混合。麵粉與發酵粉一起過篩兩次，然後加入雞蛋。

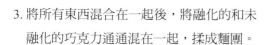

3. 將所有東西混合在一起後，將融化的和未融化的巧克力通通混在一起，揉成麵團。

4. 視需要將麵團等份分配，並舀到烤盤上。用攝氏 170 度烘烤餅乾約 12 分鐘。

製備技術

巧克力加糖麵團

幾乎沒有什麼比美麗又新鮮的水果塔更美味的東西了。無論麵團經過盲烤與否,把裡面填滿鮮奶油,上面再放很多水果;你還可以讓底部帶點巧克力的味道,強化整個味覺體驗。

1. 稱取 60 克黑糖、2 克鹽、250 克奶油、260 克麵粉、40 克可可粉和 50 克雞蛋。

2. 砂糖和鹽與奶油混合。麵粉與可可粉一起過篩兩次。

3. 將雞蛋加入奶油混合物之中後,將麵粉混合物揉入其中。

4. 加糖的麵團現在可以進一步加工了。

製備技術

吉拿棒

吉拿棒實際上就是油炸過的堅硬泡芙麵糊，所以是熟煮麵糊。它們經常浸漬過肉桂糖，有時也沾點巧克力或是以巧克力填充。在這裡，我用可可粉取代一部分的麵粉。

1. 稱取 200 克麵粉、50 克可可粉、250 克水、60 克奶油、3 克鹽、20 克白糖和 100 克雞蛋。麵粉與可可粉一起過篩兩次。

2. 將水與奶油、鹽和白糖一起煮沸。麵粉和可可粉會在其中煮熟，直到鍋內漸漸形成球狀。

3. 將雞蛋從火中拌入後，將麵糊擠成條狀。

4. 將這些條狀麵糊以攝氏 180 度油炸約 8 分鐘，之後即可食用。

麵團和麵糊

漆黑

（擀整發酵）

某個早上，如果你想好好寵愛一個好男人或好女人，製作這些巧克力麵包卷準沒錯。保證成功！感謝吾友 Hiljo 提供可頌麵包的食譜。

製作麵團：

250 克麵粉

70 克水

70 克全脂牛奶

20 克新鮮酵母

20 克軟奶油

30 克白糖

6 克鹽

140 克冷奶油

製作內餡：

100 克鮮奶油

100 克黑巧克力（嘉麗寶 Madagascar，67.4%）

額外備料：

50 克雞蛋

20 克木炭粉

要製作麵團，先將麵粉過篩兩次。之後，與水、牛奶、酵母、軟奶油、糖和鹽一起以檯式攪拌機的蝴蝶打蛋器擀搓，直到成為一坨有黏性的麵團。同時，將冷奶油切成 7×7 公分的切片。將麵團擀成 7×15 公分的切片。將奶油折疊在麵團之間，並在撒上麵粉的工作台上擀成 10×30 公分。將麵團折成三等份，蓋上保鮮膜放入冰箱冷藏 30 分鐘。同時你可以製作巧克力餡：先將鮮奶油煮沸，攪拌巧克力，接著讓它冷卻然後放入裱花袋中，再放冰箱冷藏。

再次將麵團擀成 10×30 公分，再次折成三等份並放入冰箱，再冷藏 30 分鐘。重複這個做法，讓它在冰箱中冷藏 60 分鐘。

在撒上麵粉的工作台上將麵團擀成約 5 公分厚，然後切成細長的三角形。在每個三角形最寬的一側用裱花袋擠上一條直徑約 1 公分的巧克力餡料。攪打雞蛋。把雞蛋刷在可頌麵包上，撒上木炭粉。用保鮮膜蓋住發酵 90 分鐘。

在以攝氏 170 度預熱的烤箱中烘烤可頌麵包約 20 分鐘。

要吃也要玩

（發酵麵團，烘烤）

在古代，麵包幾乎是所有文化圈的主食，但後來也漸漸變成一種奢侈品，特別是添加了奶油和糖以後——對我來說，這是生活中的兩種必需品，就像娛樂一樣（還有巧克力）。享受人生吧！

製作巧克力滴：
100 克紅寶石巧克力（嘉麗寶 RB1，47.3%）
35 克覆盆子粉

製作麵團：
500 克麵粉
1 個香草莢
25 克白糖
5 克鹽
30 克新鮮酵母
150 克全脂牛奶
100 克雞蛋
175 克冷奶油

要製作巧克力滴，先將紅寶石巧克力以隔水加熱法融化，然後加入覆盆子粉。將巧克力調溫（參見第 62 頁），然後放入一個小裱花袋中。讓巧克力呈小滴滴在一張烘焙紙上，讓它們固化。

要製作麵團，先將麵粉過篩兩次。將香草莢縱向切半，然後刮出豆髓。將麵粉和香草髓與其他麵團成分混合（除奶油外），在檯式攪拌機的碗中用蝴蝶打蛋器擀揉成光滑的麵團。當你將麵團拉開，發現它形成薄膜而不會撕裂，就表示麵團得到充分擀揉了。將冷奶油切成小塊，揉進麵團。最後，把兩側向下折疊，藉此將巧克力滴揉入麵團和球中。蓋上保鮮膜，發酵約 1 小時。

再次將麵團和球中的空氣壓出。用一層乾草覆蓋圓形模具（直徑 18 公分）的底部。將麵團球放進模具中，蓋上保鮮膜，待其發酵至兩倍大。

點燃大綠蛋烤爐中的木炭，並用 convEGGtor 陶瓷板和爐柵加熱至攝氏 170 度。

將爐柵放在烤架上，蓋上蓋子，將麵包烘烤約 40 分鐘，直至麵包呈金黃色且熟透為止。

麵團和麵糊

巧克力千層麵

（義大利麵團）

早在文藝復興時期，人們就在麵食的麵團中加了糖，不過這是當時有錢人專屬的待遇——如果把可可加進去，你的人生就圓滿了！

製作麵團：
360 克義大利麵粉
80 克可可粉（嘉麗寶）
3 克精鹽
250 克雞蛋
40 克蛋黃
12 克橄欖油

對於餡料：
100 克鮮奶油起司
10 克糖粉
10 克檸檬皮

製作牛奶泡沫：
100 克全脂牛奶
10 克檸檬皮

額外備料：
特級初榨橄欖油
羅勒水芹
20 顆新鮮覆盆子

要製作麵團，先將麵粉過篩兩次。在檯式攪拌機的碗中，使用蝴蝶打蛋器將麵粉與麵團的剩餘成分混合，擀揉成光滑有彈性的麵團。用保鮮膜蓋住麵團，在室溫下靜置 30 分鐘。

接著製作餡料：將鮮奶油起司與糖粉和檸檬皮混合，放入裱花袋中。

使用義大利麵機，把義大利麵的麵團擀薄。將它放在你的工作台，用水拂過麵團的一側。

將餡料擠成 18 顆球，擠在濕潤的一半上，彼此間隔開來。把另一半折疊起來，用義大利餃壓麵器切出麵餃。從中心向外摩擦，將空氣抹出。

將一鍋參了些許鹽巴的水燒開。加入義大利麵餃，將之煮熟約 4 分鐘。同時你可以製作泡沫：將牛奶加熱至攝氏 50 度，把鍋子從火源移開，用攪拌器拌入檸檬皮和泡沫。

瀝乾麵餃，分裝在 6 個盤子上。淋上你最好的橄欖油，用泡沫、覆盆子和羅勒水芹加以裝飾。

飲品

DRANKEN

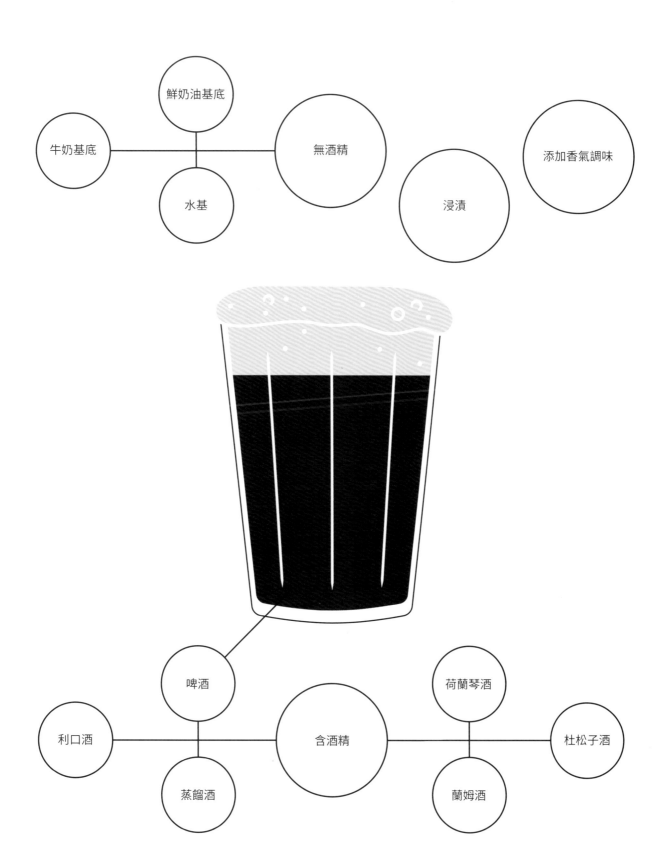

飲品

這是我在上一本書 *Patisserie.* 唯一未收錄的章節。但在寫這本書時，我得出的結論是，把注意力放在飲品上是非常重要的，特別是因為許多不同類型的飲料的基底就是可可或巧克力。為方便起見，我將它們分為兩大類：含酒精的飲料和不含酒精的飲料。並不是說加了一大口蘭姆酒的巧克力牛奶不好喝（其實，嘿……），而是要更彰顯這些飲料的本質。

最有名的無酒精飲品就是巧克力牛奶，通常是加熱牛奶後將可可粉或巧克力溶進去所調製而成。想讓它們更富奶味的話，你當然可以增加脂肪百分比；你可以全部用鮮奶油或部分取代牛奶，而不是僅使用牛奶。接著我們還要看水基飲品。如果我們回顧中美洲的文化，事實上巧克力的起源就是一個很好的例子。你應該已經在第 10-15 頁的「巧克力的歷史」一章中讀過了。

今天，你會看到越來越多的水基巧克力飲料，比如說越來越受歡迎的可可茶。要製作可可茶，可將可可豆殼和／或可可碎粒與水一起萃取，並賦予其風味。我比較喜歡只用可可碎粒製作自己的可可茶，因為這樣可以獲得更濃郁的可可味。添加香草和香料能使這種飲料更加美味。既然說到了添加風味，有兩種方法可以為飲料添加風味，那就是浸漬或添加香氣調味。浸漬時，請將調味劑與含水成分一道萃取。例如，你可以將八角茴香泡在牛奶中，待味道滲入牛奶後，於飲用之前撈出八角茴香。而添加香氣調味時，調味料可以留在你的飲料中，你可以一併飲入，例如抹茶粉，你可以直接拌入熱巧克力然後品嚐即可。

然後我們還要看看含酒精的飲料 —— 只要過了下午 5 點，不管你在世界哪個角落都適合嚐一口的。巧克力利口酒是最有名的利口酒之一，但蒸餾酒（酒精含量 60%）也是不能少的。可可豆伴隨著蒸餾酒燒製，使飲料具有非常濃郁的味道。至於啤酒，波特酒以其巧克力味而聞名；波特啤酒的名稱來自港口（port）的勞工，比大多數人所熟悉的啤酒還要濃烈。身體強健的港口工人才受得了比一般皮爾森啤酒更強的東西，因此這玩意可不是開玩笑的。波特啤酒使用巧克力麥芽，這種麥芽不含真正的巧克力，但有巧克力的顏色和味道。

蘭姆酒和巧克力多年來一直是絕配；這兩者不僅可以一起品嚐，甚至還時常出現在食品中，例如蘭姆酒豆夾心巧克力。但是，就像荷蘭琴酒和杜松子酒一樣，可可也可以浸泡出美妙的香氣。結果如何？當然是妙不可言！

製備技術

基礎巧克力牛奶

在荷蘭許多超市的貨架上都有不少這種黃色包裝飲料（譯者注：荷蘭某知名巧克力牛奶品牌為黃色包裝）。當然，巧克力牛奶簡單又好喝，但自己動手做會更好玩……而且更好喝。調整白糖和可可粉的用量，你就可以調整味道的濃淡。

1. 稱取 200 克牛奶、30 克可可粉以及 15 克白糖。

2. 將牛奶煮沸。將可可粉與白糖混合。

3. 在可可混合物中加入少許溫牛奶製成粥狀物後，將它加進剩餘的牛奶中。

4. 巧克力牛奶即可趁熱飲用，或讓它冷卻以備之後使用。

製備技術

巧克力利口酒

利口酒通常被當成開胃酒，或是伴隨咖啡一同飲用。這種甜飲料是從基料中燒製出來的，通常與調味料融合在一起，製作工藝複雜。但你也可以走捷徑、獲得良好的最終成果，那就是使用酒精飲料當基底。

1. 稱取 350 克黑砂糖、15 克可可粉和 600 克荷蘭琴酒。你可以自行選擇加入八角茴香、荳蔻豆莢、肉桂棒、香草和咖啡豆等調味料。

2. 將砂糖和可可粉與罐子或瓶子中的任何調味料混合，然後加進荷蘭琴酒中。

3. 將飲料定時搖晃，為時一周。在這之後將利口酒過篩。

4. 巧克力利口酒現在可以飲用了。

製備技術

可可茶

嚴格來說，它不應該被稱為茶，因為真正的茶必須添加真正的茶葉。這是一種浸泡液，讓可可碎粒的味道被水吸收。你可以根據自己的口味添加砂糖或蜂蜜。

1. 稱取 500 克水和 75 克可可碎粒（豆核）。
   準備好白糖（視你的口味而定）。

2. 將水倒入冷萃咖啡機、大水罐或大碗中，
   然後加入可可碎粒。

3. 覆蓋混合物，然後靜置 24 小時。如果需
   要，然後將茶過篩並加入白糖。

4. 可可茶現在可以飲用了。

火之湖

（無酒精，鮮奶油基底）

這種能喝的巧克力，膽小鬼不宜……有時你可以一口氣喝下一大杯別種巧克力飲料，但這種飲料可不一樣。好一個重質不重量的例子。你可以隨喜好添加一口你最喜歡的蘭姆酒。

650 克鮮奶油
1 條紅辣椒
1 個香草莢
½ 條肉桂棒
1 顆八角茴香
4 顆多香果
200 克黑巧克力（嘉麗寶 Kumabo，80.1%）

將鮮奶油加熱至攝氏 50 度，同時將辣椒對半切開，去掉莖和籽，將辣椒切碎。將香草莢縱向切半並刮出豆髓。

將辣椒、香草髓籽和豆莢、肉桂棒、八角茴香和多香果顆粒加入溫熱的鮮奶油中加以浸泡，蓋住後放入冰箱約 12 小時。

大約 12 小時後，將帶有調味料的鮮奶油加熱至攝氏 40 度。

將鮮奶油過篩，稱取 600 克並煮沸。把鍋子從火源移開，加入黑巧克力，用浸入式攪拌機攪拌。分配到玻璃杯裡，趁熱喝，而且要喝很熱的。

可可港口邊

（含酒精飲料，啤酒）

荷蘭人喝的啤酒主要是喝皮爾森釀法的啤酒。但啤酒的種類遠不只如此。我個人比較喜歡烈性啤酒，就像那些港口的男人一樣——充滿香料，當然還有巧克力味。這是這樣的啤酒。

4 + 3.5 升水
1.4 公斤皮爾森麥芽
175 克焦糖麥芽
90 克巧克力麥芽
30 + 3 克肯特高登（East Kent Goldings）啤酒花
75 克可可碎粒（嘉麗寶）
6 克佛曼迪斯（Fermentis）SafAle S-04（艾爾酒酵母）
約 30 克白糖

將 4 公升水加熱至攝氏 50-58 度。將三種麥芽倒入水中攪拌，將水溫維持在攝氏 50-58 度約 10 分鐘。然後升溫至攝氏 61-63 度並維持 30 分鐘。然後再升溫至攝氏 72-75 度、維持 20 分鐘，最後將溫度升至攝氏 78 度。在這個澱粉糖化過程中應持續攪拌。

同時，將 3.5 公升（沖洗用的）水加熱至攝氏 78 度。將帶有麥芽（糟粕）的水（麥芽汁）一起過篩，然後輕輕均勻地將沖洗用的熱水倒在上面。然後丟棄糟粕。

在麥芽汁中加入 30 克啤酒花，不蓋鍋蓋煮沸。讓它煮沸 60 分鐘，然後加入可可碎粒。接著再煮 15 分鐘，加入 3 克啤酒花。之後再煮 15 分鐘。

將裝有麥芽汁的平底鍋放入冰水，使麥芽汁快速冷卻至大約攝氏 23 度；定期更換冰水。

將麥芽汁過篩、倒入帶氣閘的發酵桶（5 公升）中，將酵母混入並蓋上桶蓋。搖晃桶子並用水填充水閘。在室溫下放置在暗處。發酵過程大約 10-14 天。當水閘水位維持穩定 2 天時，我們即可斷定發酵過程已經停止。

測量啤酒的量。每公升加入 6 克白糖，然後將啤酒裝瓶。在倒啤酒出來飲用之前，先靜置 2 週。

巧克力高湯

（無酒精，水基飲品）

當我們提到高湯時，你通常很快就會想到雞肉口味或蔬菜口味。但高湯其實只是一種為水增添風味的方法，而這點我們可以藉由浸泡或將物質連同水一起煮沸來達成。如果我們還能用上巧克力，當然就會更好玩。

1 公斤水
15 + 10 克可可碎粒（嘉麗寶）
3 克明膠
150 克黑巧克力（嘉麗寶 Ecuador，70.4%）
50 克蛋白

可隨喜好選用：
冰塊
可可碎粒（嘉麗寶）

將水加熱至攝氏 50 度。將鍋子從火源移開，加入 15 克可可碎粒，浸泡約 2 小時。

將水過篩並煮沸，同時溶解明膠。

將鍋子從火源移開，先溶解黑巧克力，然後再溶解其中的明膠。倒入碗中，放入冷凍庫，直到巧克力高湯完全結凍。

讓巧克力高湯解凍。舀出膠凝的部分並丟棄。將高湯重新煮沸，加入蛋白，靜置約 5 分鐘，直到蛋白凝固。將高湯過篩，或倒進咖啡過濾紙中。

趁熱飲用高湯，或待之冷卻後以冰塊和可可碎粒裝飾然後飲用。

甜食、糖果和焦糖

SUIKERWERK, SNOEPJES EN KARAMELS

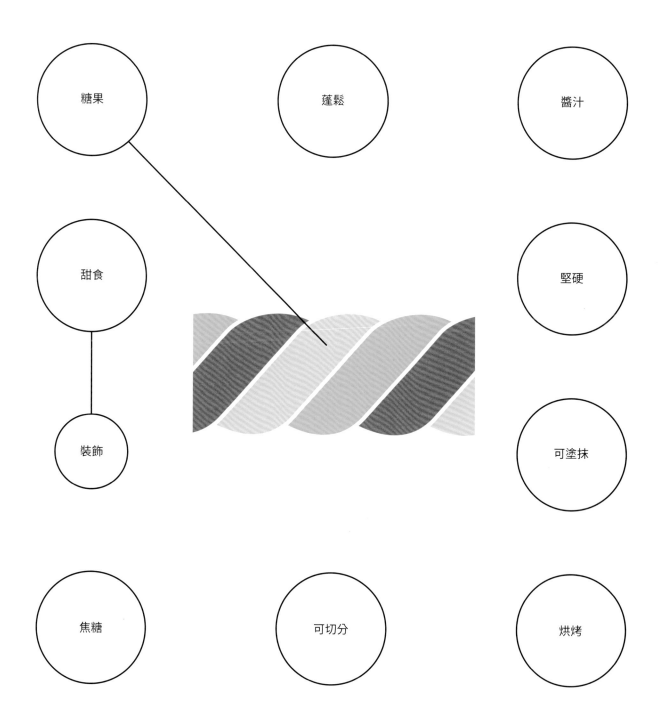

甜食、糖果和焦糖

糕點產業的其中一個特色便是甜食。甜食就是將糖加工成糖果、使物質焦糖化和製作水果蜜餞的藝術。我根據最終成品的質地將各種製品加以細分。我最愛的糖果是什麼？質地要像太妃糖一樣，有嚼勁、可以大口咀嚼，還富有香濃的味道。我們必須體認一件事：糖不僅是調味料，而且還會造成質地的變化。

通常，糖在水中加熱的溫度越高，就會變得越硬。傳統作法是過將一滴溶液浸入少量冷水中來測試，這能冷卻糖水，你摸一下它的結構就能大致了解它的溫度。我個人認為這樣還是有點含糊，所以我在下方簡單列出糖的形式和相對應的溫度。

攝氏 100-105 度（糖漿）
糖漿是澄清的液態物質。隨著溫度升高，糖水繼續沸騰，糖漿會變得更稠。

攝氏 106-112 度（粗線條）
用兩根手指夾取少量這種糖漿，待其冷卻後，可以畫出大約半公分粗的線條。

攝氏 113-118 度（糖漿，大珍珠）
重複上述動作，用兩隻手指夾取少量這種糖漿，你可以畫出大約 2 公分粗的線條。

攝氏 119-12 度（軟球）
將一滴這種糖漿滴入一些冷水中，它會形成一顆軟球。

攝氏 124-135 度（硬球）
一滴具有這種溫度的糖漿在冷水中形成一顆硬球。

攝氏 136-145 度（軟裂紋）
糖漿冷卻後會凝固，但咀嚼時會黏在牙齒上。

攝氏 146-155 度（硬裂紋）
糖漿現在開始呈輕微焦糖化，冷卻後變得堅硬且不黏。

攝氏 156-165 度（澄清焦糖）
糖漿裡面幾乎已經沒有水分，顏色開始從淡黃色變成棕色。

攝氏 166-175 度（深色焦糖）
美麗的金色變為棕色。開始燒焦。

攝氏 176 度及以上（黑焦糖）
鍋子開始冒出黑煙。焦糖嘗起來又焦又苦。

有許多方式可以在糖果中添加可可和／或巧克力。不幸的是，大型糖果製造商有時會使用風味萃取物，但好在我們身為匠師，知道更好的做法。我認為在太妃糖中加入巧克力更宜人，而可可粉比較適合糖屑，因為它能創造一種不同的質地。巧克力的融化度較高，而可可粉則給人一種比較乾燥的口感，人們有時也想嘗嘗這種口感。我們還經常看到可可脂當作添加劑的情況，這可以讓你的成品得到一定的硬度，例如在牛軋糖中。

製備技術

巧克力太妃糖

太妃糖是我最喜歡的糖果之一。用我這招做出有嚼勁、可大口咀嚼、富有焦糖味的糖果，可會增加體重喔。加點鹽可以改善口味；如果再把巧克力加進去的話，是絕對錯不了的！

1. 稱取 170 克鮮奶油、80 和 240 克白糖、3 克鹽、75 克葡萄糖漿、50 克水、30 克奶油和 100 克嘉麗寶 811（黑巧克力）。

2. 將鮮奶油與 80 克白糖和鹽一起煮沸。將葡萄糖漿、水和 240 克白糖加熱至攝氏 180 度，進行焦糖化。

3. 焦糖先用奶油淬火，然後再用燙鮮奶油淬火。混合巧克力後，將太妃糖加熱至攝氏 120 度。

4. 將太妃糖倒出並待之固化後便可以切分，如有需要還可以包裝或立即品嘗。

製備技術

鵝卵糖石

在我的上一本書 *Patisserie.* 中，我已經用過這種製備技術來覆蓋鮮奶油，但是這些薄糖片可以用更多樣化的方式使用。你之所以會得到薄如紙片的成果，是因為你先製作粉末、然後在烤箱中再次將它融化。

1. 稱取 250 克白糖、250 克葡萄糖漿和 150 克嘉麗寶 811（黑巧克力）。

2. 將白糖和葡萄糖漿加熱到攝氏 145 度，然後快速攪拌巧克力。將糖塊混合物倒在烘焙紙上。

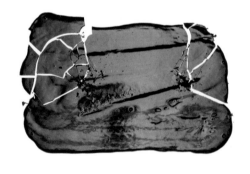

3. 固化後，將團塊敲成碎片並研磨成粉末。讓粉末在襯有烘焙紙的烤盤上過篩，將之鋪成薄薄一層。

4. 切出所需的形狀後，在攝氏 180 度下、大約 5 分鐘內將糖片融化。待固化後，它們就能品嚐或進一步加工了。

製備技術

糖屑

我們荷蘭人還是非常愛吃三明治：我們喜歡在上面鋪撒鹹味或甜味的配料，然後還常常再撒上一層糖屑或「巧克力冰雹」—— 這是當初發想糖屑的品牌 Venz 的用詞。而 Venco 品牌的八角茴香味糖屑是最早流行的口味。製作糖屑絕對比你想像的還簡單。

1. 稱取 150 克糖粉、35 克可可粉、75 克水和 1 克鹽。

2. 將所有成分混合在一起，直到形成光滑的糊狀物。

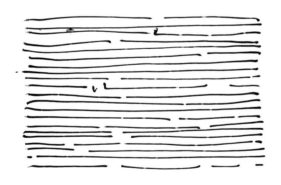 

3. 將混合物在烘焙紙上擠成細線條狀，讓它乾燥至少 1 天。

4. 乾燥後，將糖屑切分或折斷，之後糖屑就可以灑在你的奶油三明治上了。

沃爾卡布蕾

（焦糖，可切分）

堅果和焦糖是一種常見的組合，因為它們真是他媽的太好吃了。我最喜歡的其中一種堅果是核桃。結合巧克力、甚至再加上一點香料，這種看似簡單的糖果是最好的享受。

250 克白糖
100 克葡萄糖漿
250 克鮮奶油
200 克核桃
150 克白巧克力（嘉麗寶 Velvet，33.1%）
200 克軟奶油

將砂糖與葡萄糖漿一起加熱至攝氏 170 度，製成焦糖；同時將鮮奶油煮沸。

用熱的鮮奶油將焦糖淬火，然後並加熱至攝氏 125 度。將核桃切成大塊，將鍋子從火源移開，然後把核桃、白巧克力和奶油混合到焦糖裡。

倒入舖有烘培紙的烤盤中（34×24 公分），讓它固化。

將焦糖切成方塊。

蜜餞培根

（甜食）

對我這本書來說，這道料理可能有點突兀，但就算在本章也是一道奇特料理，因為它顛覆你對標準糖果的想像。添加黑砂糖以後，你不僅可以創造口味，培根的口感也會變得有所不同。

100 克黑砂糖
4 克五香粉
3 克辣椒粉
10 片 3 公分厚的培根
100 克黑巧克力（嘉麗寶 811，54.5%）

點燃大綠蛋烤爐中的木炭，將陶瓷板和爐柵加熱至攝氏 170 度。用一張剪裁好的烘培紙鋪在烘培石板上。

與此同時，將砂糖、五香粉和辣椒粉混合。將培根片滾進糖塊混合物，使它們裹上厚厚一層糖衣，然後放在烘培石板上。將烘培石板放上爐柵，蓋上大綠蛋烤爐的蓋子，將培根烘烤約 20 分鐘，直到肉片上的糖衣牢固、堅韌有嚼勁。同時，以隔水加熱法融化巧克力。

從大綠蛋烤爐中取出蜜餞培根，與融化的巧克力一起食用。

小提示
你當然也可以用烤箱裡製作這道蜜餞培根。將培根放在襯有烘培紙的烤盤上，需要的話還可以用第二張烘培紙和第二個烤盤蓋住，這樣你得到成果會是漂亮的直片培根。

甜食、糖果和焦糖

莫洛托夫汽油彈

（焦糖，可切分）

我們在這裡要丟炸彈囉——順便玩點莫洛托夫（Molotov）和巧克托夫（Chokotoff，比利時知名的巧克力太妃糖）的文字遊戲。這些形狀如炸彈的糖球很耐嚼，因為它的巧克力外層特別多，也特別好吃——炸彈就是要趁熱丟。

200 克鮮奶油
1 個紅辣椒
80＋240 克細白糖
3 克鹽
75 克葡萄糖漿
50 克水
30 克軟奶油
100＋200 克黑巧克力（嘉麗寶 811, 54.5%）
可可粉（嘉麗寶）

將鮮奶油加熱至攝氏 50 度，同時將辣椒對半切開，去掉莖和種籽，將辣椒切碎。將鍋子從火源移開，加入辣椒，浸泡約 30 分鐘。

將生奶油過篩並稱取 170 克。加入 80 克細白糖和鹽，然後一起煮沸。同時，在第二個平底鍋中，將 240 克細白糖、葡萄糖漿和水加熱至攝氏 180 度，製成焦糖。

將軟奶油加入焦糖中，加入奶油混合物，最後再加入 100 克黑巧克力，加熱至攝氏 120度。用焦糖混合物填充巧克力球模具（直徑 1.5 公分）。讓焦糖固化。

將 200 克黑巧克力調溫（參見第 62 頁）。浸漬固化的糖球，像浸漬松露一樣（參見第 74 頁），然後將它們滾入可可粉中。

果凍和淋霜

GELEISOORTEN EN GLAÇAGES

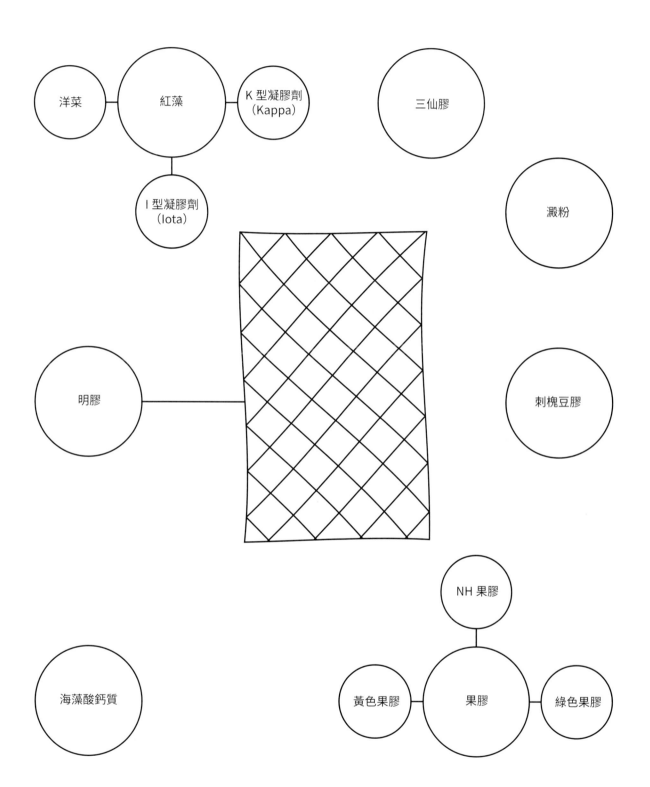

果凍和淋霜

本章要介紹添加膠凝劑和黏著劑的製品，以使團塊更堅實牢固。

這一組製品的獨特之處，就在於所使用的黏合劑或膠凝劑。最著名的當然是明膠，我在我的 *Patisserie.* 一書中特別提過了這點。我們對明膠的認識主要來自滑溜的果凍，它帶來既滑又硬的口感，但酒膠糖等糖果也是以明膠為基底製成的——它的糖份和明膠含量高，因此成了一種堅硬的糖果。一般情況下，我們對澱粉的認識主要來自馬鈴薯澱粉和玉米澱粉。澱粉是一種理想的黏合劑，雖然無法像明膠一樣用來製作真正堅固的果凍，但可以讓溫熱的液體快速黏稠。這就是為什麼澱粉沒有被納入本章、但依舊值得一提的原因。重要的是，我們必須知道馬鈴薯澱粉黏著時會產生清晰的效果，而玉米澱粉則是帶來渾濁的效果。麵包店裡仍然經常使用化製澱粉，包括即溶鮮奶油粉。這種澱粉已經過預先處理，因此你只需將它添加到液體中，不再需要加熱就能產生黏著力。

果膠主要存在於植物和水果中。含有大量果膠的水果包括蘋果、李子和柑橘類水果，但產業實作中也經常從甜菜取得。果膠有好幾種，最常用的是黃色果膠。例如，在果凍糖粉中已經將黃色果膠和糖以及檸檬酸混合。

黃色果膠是各種果膠之中擁有最強黏著力的種類，主要用於法式軟果糖和果醬。要讓果膠達到最佳凝膠化，除了溫度需要至少達到攝氏 105 度以外，檸檬酸也是必需的。就黏著而言，綠色果膠能提供較柔軟、較容易塗抹的質地。NH 果膠（Pectine NH）則較適用於乳製品果凍。這種果膠與其他類型的果膠不同，可以在成品完工後重新加熱。它不會失去黏著力，而且團塊會重新凝膠化。

有許多不同膠凝劑的基礎是紅藻，最著名的是洋菜，其他類型則有 K 型（kappa）和 I 型（iota）。它們都必須煮熟，但結構都各有不同。

膠凝劑和黏合劑的製品當然也少不了冷黏著劑。這些製品無須加熱就能提供黏著力。其中之一是三仙膠（xanthan gum），它是經由細菌發酵從糖和糖蜜中產生的，是一種可以輕鬆增稠液體的產品，和刺槐豆膠有點像，但它提供的黏著力略有不同，通常用於增稠嬰兒牛奶。在一般烘培愛好者之中，最顯鮮為人知的冷凝膠法是海藻酸鈣法，但這招在美食界倒是相當常見。例如，當你將水果泥與鈣混合、然後少量放入或滴進海藻酸鹽池時，外部雖會凝膠化，而內部還是能維持液態。

製備技術

可可淋霜

今天你所看到的大多數淋霜，都是以白巧克力為基礎製成、同時添加了大量的色素。為了更凸顯濃郁的巧克力味道、以及內在美麗而深沉的黑色，我採用可可粉來製作這道料理。

1. 稱取 7 克明膠、180 克水、150 克鮮奶油、60 克白糖和 75 克可可粉。

2. 將明膠浸泡在水中。將稱取的水與鮮奶油、白糖和可可粉一起煮沸。

3. 可可混合物煮沸約 5 分鐘後，加入明膠並將淋霜冷卻。

4. 淋霜經過緩慢升溫至攝氏 37 度以後，就能進一步加工了。

製備技術

黑巧克力淋霜

實際上，這種製品比較像是一種甘納許，不過它可以完美地充當蛋糕或糕點上的鏡面淋醬。這種淋霜並沒有可可淋霜那麼黑，但有一種非常細膩、相當優雅的巧克力味。

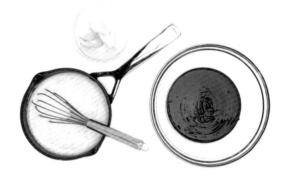

1. 稱取 500 克鮮奶油、120 克葡萄糖漿、310 克嘉麗寶 811（黑巧克力）和 120 克奶油。

2. 將鮮奶油與葡萄糖漿一起煮沸，讓巧克力在隔水燉鍋中融化。

3. 將燙的鮮奶油混合物混入巧克力中，然後將奶油切成小塊。

4. 當淋霜冷卻到攝氏 40 度時，就達到了可進一步加工的正確溫度。

製備技術

可可凍膠

「膠」這個詞聽起來似乎不能拿來吃，但它的質地與你抹在頭髮上的髮膠大致相同。可可凍膠的黏著力主要來自洋菜，過程通常發生得很快。在凝膠化後再次將果凍完全磨細，凍膠會獲得絲綢般的特性，非常適合用作甜點的成分。

1. 稱取 500 克可可茶（參見第 187 頁）、50 克白糖和 6 克洋菜。

2. 將可可茶和白糖煮沸，並攪拌洋菜。

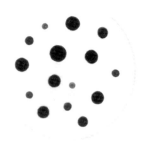

3. 煮沸 3 分鐘後將其倒出，它會開始凝膠化。

4. 當果凍變硬時，將其（最好用美善品多功能料理機）變成光滑的凍膠，可可凍膠就能進一步加工了。

果凍和淋霜

進入銀河

（淋霜，煉乳基底）

誰說藍色的東西不能吃？你只管敞開心胸就對了。吃完這種蛋糕，你就不會再怕藍色的東食物了。

製作淋霜：
57 克明膠
600 克煉乳
450 克水
900 克白糖
1150 克白巧克力（嘉麗寶 W2，28%）
藍色食用色素（水溶性粉末）

製作雪酪：
330 克水
170 克白糖
500 克酸櫻桃泥

製作迷幻蘑菇百匯：
250 克鮮奶油
你可自行決定是否添加迷幻蘑菇
8 克明膠
925 克鮮奶油
600 克炸彈麵糊（見「太空火箭」一章，第 164 頁）

製作賽梅爾餅乾：
70 克麵粉
125 克蛋白
110 克白糖
100 克蛋黃
5 克澱粉

額外備料：銀箔

要製作淋霜，必須先溶解明膠。將煉乳、水和糖煮沸。將明膠溶解在其中，並分 5 次混入巧克力。用攪拌棒混合，分成兩等分，用色素製成淺藍色和深藍色淋霜。放置 12 小時使之凝膠化。

要製作雪酪，先把水燒開，再將糖溶解在其中，接著加入櫻桃泥。用攪拌棒攪拌至光滑並過篩。在冰箱中熟成 12 小時，然後放進冰淇淋機攪磨成冰。

要製作迷幻蘑菇百匯，先將鮮奶油加熱至攝氏 50 度。再加入迷幻蘑菇，浸泡約 2 小時。

（下接 214 頁）

靈感配方

要製作賽梅爾餅乾，先將麵粉過篩 2 次。將蛋白和糖一起打至蓬鬆。抹入蛋黃，接著再抹入麵粉和澱粉。在襯有烘焙紙的烤盤上擠成 2 個圓圈（直徑 12 公分），然後在以攝氏 200 度預熱的烤箱中烘烤約 7 分鐘。待之冷卻。

將雪酪冰放入裱花袋中，並在賽梅爾餅乾之間鋪擠上一層雪酪冰。將浸漬後的鮮奶油過篩，稱取 235 克。將明膠溶解，並將鮮奶油打成半蓬鬆狀。將明膠與浸漬後的鮮奶油混合。分兩次打入炸彈麵糊，拌入半蓬鬆的鮮奶油。將百匯倒入圓形（直徑 14 公分）模具，然後將賽梅爾餅乾壓入其中。放入冷凍庫靜置 3 小時。

將淋霜加熱至攝氏 37 度，倒在你的成品上方，撒上銀箔，再冷凍 2-3 小時。

果凍和淋霜

自製巧克力火鍋

（淋霜）

我們所知道的火鍋，大多含有乳酪或高湯。你不難猜到，我喜歡把東西沾巧克力的程度遠勝過沾其他食材。如果增加火鍋濃稠度，巧克力就更容易附著在沾料上。

550 克黑巧克力（嘉麗寶 811，54.5%）
400 克鮮奶油
50 克轉化糖漿
4 克明膠
可自行選擇調味料，如香草、八角茴香、多香果粒或您選擇的肉桂棒沾醬。

用隔水加熱法融化巧克力，同時將鮮奶油和轉化糖漿一起煮沸，然後溶解明膠。

將裝有鮮奶油混合物的平底鍋從火源移開。加進你選擇的調味料，然後混合溶解的明膠和融化的巧克力。

將調味料從巧克力火鍋中濾出，待之稍微冷卻後再使用。

螺旋向外

（果凍，果膠基底）

這個名字來自我的碩士考試其中一個主題，也可說一種經驗和知識的延伸。在那次考試中，我還將所有東西鑲上金邊，暗喻順利鍍金。這裡要介紹的果凍，自然也是以金巧克力為基底製成的。

250 + 25 克白糖 + 額外的白糖，用於製作
外層
30 克葡萄糖漿
7 克黃色果膠
5 克檸檬酸

製作黃金高湯：
500 克水
15 克可可碎粒（嘉麗寶）
3 克明膠
75 克金巧克力（嘉麗寶 30.4%）
50 克蛋白

要製作黃金高湯，先將水加熱至攝氏 50 度。將鍋子從火源移開，加入可可碎粒，浸泡約 2 小時。

將水過篩並煮沸，同時溶解明膠。將鍋子從火源移開，先溶解金巧克力，然後再溶解其中的明膠。倒入碗中，放入冷凍庫，直到黃金高湯完全結凍。

將黃金高湯解凍。舀出膠凝的部分並丟棄。將高湯重新煮沸，加入蛋白，靜置約 5 分鐘，直到蛋白凝固。將高湯過篩然後稱取 250 克。

將稱取的黃金高湯與 250 克白糖和葡萄糖漿一起煮沸。同時，將 25 克白糖與黃色果膠混合，攪拌至沸騰的高湯混合物中。加熱至攝氏 107 度。

將鍋子從火源移開，將檸檬酸攪拌進高湯混合物中。待之稍微冷卻，然後倒在覆蓋塑膠薄膜的板上、鋪成約 2 公分厚的一層。讓它膠凝約 1 小時。

將果凍切成約 2 公分寬的條狀，浸入白糖中然後捲起。

詞彙索引

詞彙索引

詞彙索引

取得原料與工具

在本書的食譜中，你會看到許多常見的成分。我們都知道在哪裡可以找到糖、牛奶、雞蛋和麵粉等原料。然而，看看你家附近的在地農場和磨坊、從那裡購買基本必需品會是很值得的。這些匠師生產的品質通常比超市販售的高出很多倍，也比超市新鮮得多──你還能支持在地企業，何樂而不為呢？

至於特殊成分，如甜菜粉、果泥和色素，我建議你向批發商諮詢。荷蘭和比利時有幾個食材批發商，你想要找的所有東西他們基本上都有。至於我提到的巧克力和可可產品，你也可以參考我的網路商店：grindbyhidde.com。我會盡快把這些原料送到你手上！

除了好的成分以外，你使用的製作工具也同樣重要──重點還是一樣，那就是追求品質。這方面不必過於節省，因為如果你使用好的工具，你會發現不只烘焙的樂趣增加，最終成品也會好得多。我自己雖在網路上找到很多我需要的材料，但優良的烹飪用品店也可說是人間天堂。